U0137409

魏格纳的数学、物理学和其他自然科学的天赋能力是很一般的，但他对事物敏锐的洞察力和非凡的预见性，还有研究的逻辑判断能力，使他能把与他思想有关的每一件事正确地组合起来。

——德国天文学家冯特

《海陆的起源》这部划时代著作的诞生表明，魏格纳已经从可怕的战争景象中培育起来的狭隘民族主义中完全解放出来了。

——魏格纳的挚友贝多夫

《海陆的起源》发表后，魏格纳在很长一段时间并没有获得相应的学术地位，德国甚至没有授予他正式教授的头衔。这是学术界的悲哀，也是德国的悲哀！

——《科学时报》

他是一个完美的、淳朴的、谦虚的人，同时又是勇敢者，为探索理想目标，凭着钢铁般的意志取得成就，最终为此献出了宝贵的生命。

——魏格纳讣告辞

（注：1930 年，魏格纳第四次来到北极进行科学探险。不幸的是，格陵兰冬季极夜的漫天冰雪这次并没有施展仁慈，就在他 50 岁生日后没几天，严寒无情地夺去了这位传奇勇士的生命。）

本书列入“十三五”国家重点图书出版规划

科学元典丛书

The Series of the Great Classics in Science

主　　编　任定成

执行主编　周雁翎

策　　划　周雁翎

丛书主持　陈　静

科学元典是科学史和人类文明史上划时代的丰碑，是人类文化的优秀遗产，是历经时间考验的不朽之作。它们不仅是伟大的科学创造的结晶，而且是科学精神、科学思想和科学方法的载体，具有永恒的意义和价值。

科学元典丛书

海陆的起源

The Origin of Continents and Oceans

[德] 魏格纳 著　李旭旦 译

北京大学出版社
PEKING UNIVERSITY PRESS

图书在版编目(CIP)数据

海陆的起源/［德］魏格纳著；李旭旦译.—北京：北京大学出版社，2007.1
（科学元典丛书）
ISBN 978-7-301-09557-7

Ⅰ.海…　Ⅱ.①魏…②李…　Ⅲ.科学普及—大地构造学—理论　Ⅳ.P541

中国版本图书馆 CIP 数据核字（2005）第 096666 号

Alfred Lothar Wegener
Die Entstehung der Kontinente und Ozeane

书　　名　海陆的起源
　　　　　HAILU DE QIYUAN
著作责任者　［德］魏格纳　著　李旭旦　译
丛 书 策 划　周雁翎
丛 书 主 持　陈　静
责 任 编 辑　李淑方
标 准 书 号　ISBN 978-7-301-09557-7
出 版 发 行　北京大学出版社
地　　址　北京市海淀区成府路 205 号　100871
网　　址　http://www.pup.cn　新浪微博：@ 北京大学出版社
微信公众号　科学与艺术之声（微信号：sartspku）
电 子 信 箱　zyl@ pup.pku.edu.cn
电　　话　邮购部 010-62752015　发行部 010-62750672　编辑部 010-62767346
印 刷 者　北京中科印刷有限公司
经 销 者　新华书店
　　　　　787 毫米 × 1092 毫米　16 开本　13.75 印张　16 插页　200 千字
　　　　　2006 年 11 月第 1 版　2020 年 11 月第 9 次印刷
定　　价　48.00 元

弁　言

· Preface to the Series of the Great Classics in Science ·

这套丛书中收入的著作，是自古希腊以来，主要是自文艺复兴时期现代科学诞生以来，经过足够长的历史检验的科学经典。为了区别于时下被广泛使用的“经典”一词，我们称之为“科学元典”。

我们这里所说的“经典”，不同于歌迷们所说的“经典”，也不同于表演艺术家们朗诵的“科学经典名篇”。受歌迷欢迎的流行歌曲属于“当代经典”，实际上是时尚的东西，其含义与我们所说的代表传统的经典恰恰相反。表演艺术家们朗诵的“科学经典名篇”多是表现科学家们的情感和生活态度的散文，甚至反映科学家生活的话剧台词，它们可能脍炙人口，是否属于人文领域里的经典姑且不论，但基本上没有科学内容。并非著名科学大师的一切言论或者是广为流传的作品都是科学经典。

这里所谓的科学元典，是指科学经典中最基本、最重要的著作，是在人类智识史和人类文明史上划时代的丰碑，是理性精神的载体，具有永恒的价值。

一

科学元典或者是一场深刻的科学革命的丰碑，或者是一个严密的科学体系的构架，或者是一个生机勃勃的科学领域的基石，或者是一座传播科学文明的灯塔。它们既是昔日科学成就的创造性总结，又是未来科学探索的理性依托。

哥白尼的《天体运行论》是人类历史上最具革命性的震撼心灵的著作，它向统治西方思想千余年的地心说发出了挑战，动摇了"正统宗教"学说的天文学基础。伽利略《关于托勒密与哥白尼两大世界体系的对话》以确凿的证据进一步论证了哥白尼学说，更直接地动摇了教会所庇护的托勒密学说。哈维的《心血运动论》以对人类躯体和心灵的双重关怀，满怀真挚的宗教情感，阐述了血液循环理论，推翻了同样统治西方思想千余年、被"正统宗教"所庇护的盖伦学说。笛卡儿的《几何》不仅创立了为后来诞生的微积分提供了工具的解析几何，而且折射出影响万世的思想方法论。牛顿的《自然哲学之数学原理》标志着 17 世纪科学革命的顶点，为后来的工业革命奠定了科学基础。分别以惠更斯的《光论》与牛顿的《光学》为代表的波动说与微粒说之间展开了长达 200 余年的论战。拉瓦锡在《化学基础论》中详尽论述了氧化理论，推翻了统治化学百余年之久的燃素理论，这一智识壮举被公认为历史上最自觉的科学革命。道尔顿的《化学哲学新体系》奠定了物质结构理论的基础，开创了科学中的新时代，使 19 世纪的化学家们有计划地向未知领域前进。傅立叶的《热的解析理论》以其对热传导问题的精湛处理，突破了牛顿的《自然哲学之数学原理》所规定的理论力学范围，开创了数学物理学的崭新领域。达尔文《物种起源》中的进化论思想不仅在生物学发展到分子水平的今天仍然是科学家们阐释的对象，而且 100 多年来几乎在科学、社会和人文的所有领域都在施展它有形和无形的影响。《基因论》揭示了孟德尔式遗传性状传递机理的物质基础，把生命科学推进到基因水平。爱因斯坦的《狭义与广义相对论浅说》和薛定谔的《关于波动力学的四次演讲》分别阐述了物质世界在高速和微观领域的运动规律，完全改变了自牛顿以来的世界观。魏格纳的《海陆的起源》提出了大陆漂移的猜想，为当代地球科学提供了新的发展基点。维纳的《控制论》揭示了控制系统的反馈过程，普里戈金的《从存在到演化》发现了系统可能从原来无序向新的有序态转化的机制，二者的思想在今天的影响已经远远超越了自然科学领域，影响到经济学、社会学、政治学等领域。

科学元典的永恒魅力令后人特别是后来的思想家为之倾倒。欧几里得的《几何原本》以手抄本形式流传了 1800 余年，又以印刷本用各种文字出了 1000 版以上。阿基米德写了大量的科学著作，达·芬奇把他当作偶像崇拜，热切搜求他的手稿。伽利略以他的继承人自居。莱布尼兹则说，了解他的人对后代杰出人物的成就就不会那么赞赏了。为捍卫《天体运行论》中的学说，布鲁诺被教会处以火刑。伽利略因为其《关于托勒密与哥白尼两大世界体系的对话》一书，遭教会的终身监禁，备受折磨。伽利略说吉尔伯特的《论磁》一书伟大得令人嫉妒。拉普拉斯说，牛顿的《自然哲学之数学原理》揭示了宇宙的最伟大定律，它将永远成为深邃智慧的纪念碑。拉瓦锡在他的《化学基础论》出版后5年被法国革命法庭处死，传说拉格朗日悲愤地说，砍掉这颗头颅只要一瞬间，再长出这样的头颅100年也不够。《化学哲学新体系》的作者道尔顿应邀访法，当他走进法国科学院会议厅时，院长和全体院士起立致敬，得到拿破仑未曾享有的殊荣。傅立叶在《热的解析理论》中阐述的强有力的数学工具深深影响了整个现代物理学，推动数学分析的发展达一个多世纪，麦克斯韦称赞该书是“一首美妙的诗”。当人们咒骂《物种起源》是“魔鬼的经典”“禽兽的哲学”的时候，赫胥黎甘做“达尔文的斗犬”，挺身捍卫进化论，撰写了《进化论与伦理学》和《人类在自然界的位置》，阐发达尔文的学说。经过严复的译述，赫胥黎的著作成为维新领袖、辛亥精英、“五四”斗士改造中国的思想武器。爱因斯坦说法拉第在《电学实验研究》中论证的磁场和电场的思想是自牛顿以来物理学基础所经历的最深刻变化。

在科学元典里，有讲述不完的传奇故事，有颠覆思想的心智波涛，有激动人心的理性思考，有万世不竭的精神甘泉。

二

按照科学计量学先驱普赖斯等人的研究，现代科学文献在多数时间里呈指数增长趋势。现代科学界，相当多的科学文献发表之后，并没有任何人引用。就是一时被引用过的科学文献，很多没过多久就被新的文献所淹没了。科学注重的是创造出新的实在知识。从这个意义上说，科学是向前看的。但是，我们也可以看到，这么多文献被淹没，也表明划时代的科学文献数量是很少的。大多数科学元典不被现代科学文献所引用，那是因为其中的知识早已成为科学中无须证明的常识了。即使这样，科学经典也会因为其中思想的恒久意义，而像人文领域里的经典一样，具有永恒的阅读价值。于是，科学经典就被一编再编、一印再印。

早期诺贝尔奖得主奥斯特瓦尔德编的物理学和化学经典丛书“精密自然科学经典”从1889年开始出版，后来以“奥斯特瓦尔德经典著作”为名一直在编辑出版，有资料说目前已经出版了250余卷。祖德霍夫编辑的“医学经典”丛书从1910年就开始陆续出版了。也是这一年，蒸馏器俱乐部编辑出版了20卷“蒸馏器俱乐部再版本”丛书，丛书中全是化学经典，这个版本甚至被化学家在20世纪的科学刊物上发表的论文所引用。一般把1789年拉瓦锡的化学革命当作现代化学诞生的标志，把1914年爆发的第一次世界大战称为化学家之战。奈特把反映这个时期化学的重大进展的文章编成一卷，把这个时期的其他9部总结性化学著作各编为一卷，辑为10卷“1789—1914年的化学发展”丛书，于1998年出版。像这样的某一科学领域的经典丛书还有很多很多。

科学领域里的经典，与人文领域里的经典一样，是经得起反复咀嚼的。两个领域里的经典一起，就可以勾勒出人类智识的发展轨迹。正因为如此，在发达国家出版的很多经典丛书中，就包含了这两个领域的重要著作。1924年起，沃尔科特开始主编一套包括人文与科学两个领域的原始文献丛书。这个计划先后得到了美国哲学协会、美国科学促进会、科学史学会、美国人类学协会、美国数学协会、美国数学学会以及美国天文学学会的支持。1925年，这套丛书中的《天文学原始文献》和《数学原始文献》出版，这两本书出版后的25年内市场情况一直很好。1950年，沃尔科特把这套丛书中的科学经典部分发展成为“科学史原始文献”丛书出版。其中有《希腊科学原始文献》《中世纪科学原始文献》和《20世纪(1900—1950年)科学原始文献》，文艺复兴至19世纪则按科学学科(天文学、数学、物理学、地质学、动物生物学以及化学诸卷)编辑出版。约翰逊、米利肯和威瑟斯庞三人主编的“大师杰作丛书”中，包括了小尼德勒编的3卷“科学大师杰作”，后者于1947年初版，后来多次重印。

在综合性的经典丛书中，影响最为广泛的当推哈钦斯和艾德勒1943年开始主持编译的“西方世界伟大著作丛书”。这套书耗资200万美元，于1952年完成。丛书根据独创性、文献价值、历史地位和现存意义等标准，选择出74位西方历史文化巨人的443部作品，加上丛书导言和综合索引，辑为54卷，篇幅2 500万单词，共32 000页。丛书中收入不少科学著作。购买丛书的不仅有“大款”和学者，而且还有屠夫、面包师和烛台匠。迄1965年，丛书已重印30次左右，此后还多次重印，任何国家稍微像样的大学图书馆都将其列入必藏图书之列。这套丛书是20世纪上半叶在美国大学兴起而后扩展到全社会的经典著作研读运动的产物。这个时期，美国一些大学的寓所、校园和酒吧里都能听到学生讨论古典佳作的声音。有的大学要求学生必须深研100多部名著，甚至在教学中不得使用最新的实验设备，而是借助历史上的科学大师所使用的方法和仪器复制品去再现划时代的著名实验。至20世纪40年代末，美国举办古典名著学习班的城市达300个，学员50 000余众。

相比之下，国人眼中的经典，往往多指人文而少有科学。一部公元前300年左右古希腊人写就的《几何原本》，从1592年到1605年的13年间先后3次汉译而未果，经17世纪初和19世纪50年代的两次努力才分别译刊出全书来。近几百年来移译的西学典籍中，成系统者甚多，但皆系人文领域。汉译科学著作，多为应景之需，所见典籍寥若晨星。借20世纪70年代末举国欢庆“科学春天”到来之良机，有好尚者发出组译出版“自然科学世界名著丛书"的呼声,但最终结果却是好尚者抱憾而终。20 世纪 90 年代初出版的"科学名著文库",虽使科学元典的汉译初见系统,但以 10 卷之小的容量投放于偌大的中国读书界,与具有悠久文化传统的泱泱大国实不相称。

我们不得不问:一个民族只重视人文经典而忽视科学经典,何以自立于当代世界民族之林呢?

三

科学元典是科学进一步发展的灯塔和坐标。它们标识的重大突破,往往导致的是常规科学的快速发展。在常规科学时期,人们发现的多数现象和提出的多数理论,都要用科学元典中的思想来解释。而在常规科学中发现的旧范型中看似不能得到解释的现象,其重要性往往也要通过与科学元典中的思想的比较显示出来。

在常规科学时期,不仅有专注于狭窄领域常规研究的科学家,也有一些从事着常规研究但又关注着科学基础、科学思想以及科学划时代变化的科学家。随着科学发展中发现的新现象,这些科学家的头脑里自然而然地就会浮现历史上相应的划时代成就。他们会对科学元典中的相应思想,重新加以诠释,以期从中得出对新现象的说明,并有可能产生新的理念。百余年来,达尔文在《物种起源》中提出的思想,被不同的人解读出不同的信息。古脊椎动物学、古人类学、进化生物学、遗传学、动物行为学、社会生物学等领域的几乎所有重大发现,都要拿出来与《物种起源》中的思想进行比较和说明。玻尔在揭示氢光谱的结构时,提出的原子结构就类似于哥白尼等人的太阳系模型。现代量子力学揭示的微观物质的波粒二象性,就是对光的波粒二象性的拓展,而爱因斯坦揭示的光的波粒二象性就是在光的波动说和粒子说的基础上,针对光电效应,提出的全新理论。而正是与光的波动说和粒子说二者的困难的比较,我们才可以看出光的波粒二象性说的意义。可以说,科学元典是时读时新的。

除了具体的科学思想之外,科学元典还以其方法学上的创造性而彪炳史册。这些方法学思想,永远值得后人学习和研究。当代诸多研究人的创造性的前沿领域,如认知心理学、科学哲学、人工智能、认知科学等,都涉及对科学大师的研究方法的研究。一些科学史学家以科学元典为基点,把触角延伸到科学家的信件、实验室记录、所属机构的档案等原始材料中去,揭示出许多新的历史现象。近二十多年兴起的机器发现,首先就是对科学史学家提供的材料编制程序,在机器中重新做出历史上的伟大发现。借助于人工智能手段,人们已经在机器上重新发现了波义耳定律、开普勒行星运动第三定律,提出了燃素理论。萨伽德甚至用机器研究科学理论的竞争与接受,系统研究了拉瓦锡氧化理论、达尔文进化学说、魏格纳大陆漂移说、哥白尼日心说、牛顿力学、爱因斯坦相对论、量子论以及心理学中的行为主义和认知主义形成的革命过程和接受过程。

除了这些对于科学元典标识的重大科学成就中的创造力的研究之外，人们还曾经大规模地把这些成就的创造过程运用于基础教育之中。美国几十年前兴起的发现法教学，就是在这方面的尝试。近二十多年来，全球兴起了基础教育改革的浪潮，其目标就是提高学生的科学素养，改变片面灌输科学知识的状况。其中的一个重要举措，就是在教学中加强科学探究过程的理解和训练。因为，单就科学本身而言，它不仅外化为工艺、流程、技术及其产物等器物形态，直接表现为概念、定律和理论等知识形态，更深蕴于其特有的思想、观念和方法等精神形态之中。没有人怀疑，我们通过阅读今天的教科书就可以方便地学到科学元典著作中的科学知识，而且由于科学的进步，我们从现代教科书上所学的知识甚至比经典著作中的更完善。但是，教科书所提供的只是结晶状态的凝固知识，而科学本是历史的、创造的、流动的，在这历史、创造和流动过程之中，一些东西蒸发了，另一些东西积淀了，只有科学思想、科学观念和科学方法保持着永恒的活力。

然而，遗憾的是，我们的基础教育课本和不少科普读物中讲的许多科学史故事都是误讹相传的东西。比如，把血液循环的发现归于哈维，指责道尔顿提出二元化合物的元素原子数最简比是当时的错误，讲伽利略在比萨斜塔上做过落体实验，宣称牛顿提出了牛顿定律的诸数学表达式，等等。好像科学史就像网络上传播的八卦那样简单和耸人听闻。为避免这样的误讹，我们不妨读一读科学元典，看看历史上的伟人当时到底是如何思考的。

现在，我们的大学正处在席卷全球的通识教育浪潮之中。就我的理解，通识教育固然要对理工农医专业的学生开设一些人文社会科学的导论性课程，要对人文社会科学专业的学生开设一些理工农医的导论性课程，但是，我们也可以考虑适当跳出专与博、文与理的关系的思考路数，对所有专业的学生开设一些真正通而识之的综合性课程，或者倡导这样的阅读活动、讨论活动、交流活动甚至跨学科的研究活动，发掘文化遗产、分享古典智慧、继承高雅传统，把经典与前沿、传统与现代、创造与继承、现实与永恒等事关全民素质、民族命运和世界使命的问题联合起来进行思索。

我们面对不朽的理性群碑，也就是面对永恒的科学灵魂。在这些灵魂面前，我们不是要顶礼膜拜，而是要认真研习解读，读出历史的价值，读出时代的精神，把握科学的灵魂。我们要不断吸取深蕴其中的科学精神、科学思想和科学方法，并使之成为推动我们前进的伟大精神力量。

任定成
2005年8月6日
北京大学承泽园迪吉轩

魏格纳(Alfred Lothar wegener,1880—1930)

1910 年的柏林

1880年 11 月 1 日魏格纳出生于德国柏林。父亲是理查德(Richard)福音派新教会的传道士,兼任柏林孤儿院院长。魏格纳的哥哥库尔特是位自然科学家,姐姐托尼是位画家。

青少年时代的魏格纳勤奋好学,曾在海德堡大学、因斯布鲁克大学、柏林洪堡大学(又称柏林大学)学习。1905 年他获得柏林洪堡大学天文学博士学位,以天文学家的身份开始他的职业生涯。但是他更喜欢气象学,那时的气象学是一门新兴学科。

柏林大学

1907 年魏格纳在格陵兰探险基地利用气象气球跟踪大气环流

1906—1908 年间，魏格纳参加了丹麦远征格陵兰的探险队，第一次去格陵兰东北部探险。在气象学领域，魏格纳最先在探险中通过风筝和固定在 3000 米高处的气象气球跟踪大气环流，测量大气的温度和湿度，研究极地气候。通过这次探险，魏格纳得到了一批珍贵资料。

格陵兰局部航拍图

1908年探险归来，魏格纳在马堡大学就职，一边整理从格陵兰搜集来的大量资料，一边进行天文学、地质学和气象学课程的讲授和研究，直到第一次世界大战爆发。

马堡大学图书馆

1910年,魏格纳在病中偶然翻阅世界地图时,发现一个奇特现象:大西洋两岸的轮廓非常相似。由此,魏格纳产生了大陆漂移的想法。1912 年 1 月 6 日,魏格纳在法兰克福地质协会上做了题为“从地球物理学的基础上论地壳轮廓(大陆与海洋)的生成”的演讲,提出了大陆漂移的理论。同年,发表了几篇关于大陆漂移理论的文章。

1912年,魏格纳参加科赫-格林贝格探险队,第二次去格陵兰考察。科赫是极地冰川初期研究的代表。这次考察中,科赫与魏格纳横贯格陵兰大冰盖,研究雪层,测量冰温,应用地震法探测冰盖厚度。

魏格纳与科赫(J·P·Koch)

1912 年探险时,队员中途休息时的场景

这次探险历时半年多,在穿过格陵兰东北部之后,魏格纳与另外三名队员又成功地穿越了人类从未涉足的长达1207 米的从东北部的路易斯到西北部海岸的乌佩纳维克岛的冰帽。探险途中气候非常恶劣,马匹都累死了,队员死里逃生。

1912—1913 年,科赫和魏格纳在探险时所用的测量仪器

柯本是德国杰出的气候学家,生于俄国。1870 年获莱比锡大学博士学位。1876 年起任职于汉堡海洋气象台,达 50 年。著有《气候学大全》等著作。魏格纳经常与柯本进行学术交流，这对魏格纳的学术研究有很大影响。两人曾合著《古代地质时期的气候》一书。

柯本(Wladimir Köppen,1846—1940)

魏格纳和妻子埃尔斯·柯本(Else köppen)

埃尔斯是柯本的幼女。1913 年,魏格纳从格陵兰再次探险回来之后,在马堡与埃尔斯结婚。婚后埃尔斯积极参与丈夫的科学工作。他们有三个女儿。

1914年第一次世界大战爆发,魏格纳以德国国防军后备役上尉军官的身份被征入伍。在向比利时进军的途中,他被敌人的枪打中胳膊,14 天后在回德国的途中,又被子弹打中颈部,这颗子弹以后就一直留在他体内,魏格纳因此不能再服役,又转向学术研究。

1915 年魏格纳出版了《海陆的起源》,列举了大量的证据,系统地阐述了大陆漂移学说。这本书在 1920 年、1922 年、1929 年各再版一次，每次再版都加入了魏格纳收集到的新资料和当时学术界对大陆漂移理论的批评。此书被多次翻译成各种外文出版。1924 年由斯克尔翻译的第三版英译本面世后,魏格纳的大陆漂移学说开始受到学术界的广泛关注。

格拉茨大学校园。

第一次世界大战结束后的1919年，魏格纳和哥哥库尔特一起被聘为当时新建的汉堡大学的教授。1924年魏格纳被聘为格拉茨大学气象学和地球物理学学院教授，直到逝世。

1928年，魏格纳虽年近50岁，但身体状况很好，计划与科赫再进行一次新的格陵兰探险，但科赫不幸于当年去世，魏格纳只好放弃探险计划。

1929年，魏格纳与约翰尼斯·乔治（Johannes Georgi）、弗里兹·洛伊（Fritz Loewe）和恩斯特·索尔格（Ernst Sorge）一起进行了简短的第三次探险，为1930年的探险寻找从格陵兰西海岸到达内陆冰盖的最佳探险路线。这次探险在该岛2700米高地上建立了一个考察站。

1929年魏格纳在格陵兰岛2700米高地上建立的考察站

1930年4月1日魏格纳带领一批科学家乘坐“旗鱼”号船前往格陵兰岛。此行目的是研究冰帽上的气候和大气层高处的急流。4月15日，他们登上格陵兰岛，比计划晚了一个月时间，港口仍冰天雪地。6月15日，一支队伍动身到离海岸线400千米处的冰层上建立爱斯米特营地。恶劣的天气阻碍了营地物资供给。9月21日，魏格纳亲自带领一个由14人组成的援救小组，由15支狗拉雪橇向营地运送物资。因天气恶劣，雪橇减少到3支。途中有12名队员不愿坚持而返回基地。虽然如此，他和仅剩的两个同伴经过40天的跋涉，于1930年10月30日到达该营地。上图为1930年4月1日魏格纳乘坐“旗鱼”号船去格陵兰探险出发时的情景。

1930年11月1日在爱斯米特营地度过50岁生日后，魏格纳和同伴维鲁姆森返回基地，另一个队员则留下疗伤。两人在返回途中遇难。魏格纳的哥哥库尔特带领探险队继续循着1929年的探险路线完成了魏格纳最后一次探险，1931年5月，他们发现了魏格纳的尸体，但维鲁姆森的尸体没有找到。库尔特为魏格纳搭建了一个雪墓，竖起一个高高的十字架，后来这一切都深陷到格陵兰冰层之下。

1930 年格陵兰探险在海拔 4000 米处行进时的情景

1930 年 11 月 1 日在爱斯米特营地庆祝完魏格纳的50 岁生日后，魏格纳和维鲁姆森的最后合照

魏格纳的最后两次格陵兰探险由其亲自计划和带队，后来被命名为魏格纳格陵兰探险之旅。在魏格纳的讣告中，他的朋友写道："他是一个完美的、淳朴的、谦虚的人，同时又是勇敢者，为探索理想目标，凭着钢铁般的意志取得非凡成就，最终为此献出了宝贵的生命。"

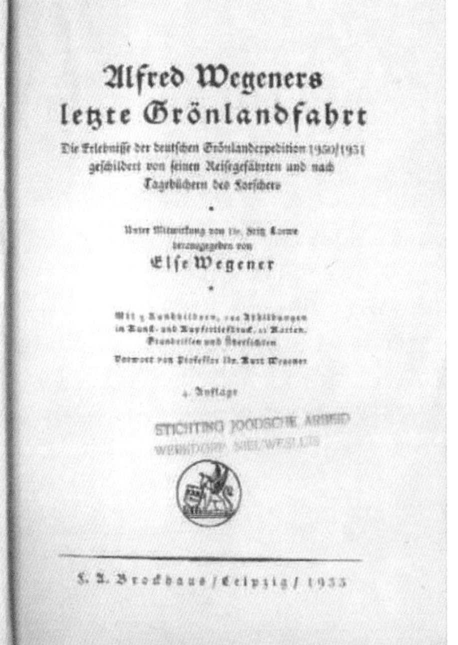

Alfred Wegeners
letzte Grönlandfahrt

Die Erlebnisse der deutschen Grönlandexpedition 1930/1931
geschildert von seinen Reisegefährten und nach
Tagebüchern des Forschers

Unter Mitwirkung von Dr. Fritz Loewe
herausgegeben von
Else Wegener

[illegible]

Vorwort von Professor Dr. Kurt Wegener

4. Auflage

F. A. Brockhaus / Leipzig / 1933

魏格纳死后，他的妻子埃尔斯和同魏格纳最后一次一起探险的弗里兹·洛伊出版了《魏格纳的最后一次探险》，为后人了解魏格纳的最后一次探险提供了很多宝贵资料。

目　录

导　读

孙元林

· Introduction to Chinese Version ·

“大陆漂移学说”是现代地质学“板块构造理论”的核心组成部分。“板块构造理论”是地质学中一个非常重要，涵盖面非常广泛的科学理论，是指导人类认识地球自然历史的一个非常重要的理论体系。

第一部分　关于魏格纳和大陆漂移学说

魏格纳(Alfred Lothar Wegener)是德国一位杰出的气象学家。1880年出生于柏林,1905年在柏林洪堡大学获得了天文学方向的博士学位。但他对地球物理学和气象学更有兴趣,所以在获得博士学位以后就放弃了天文学方面的发展,专攻气象学方面的研究。作为当时一个年轻而有才华和抱负的科学工作者,他在毕业后短短的两年时间里,已经在气象学的研究方面开始崭露头角,并被马堡大学聘用,很快成为马堡大学非常受学生欢迎的年轻教师。1911年,他编写了一本《大气热动力学》教科书,成为当时德国大学通用的气象学教材。在1914年和1915年参加了第一次世界大战,曾经两次负伤。战后又回到马堡大学任教。1924年以后,他受聘奥地利的格拉茨(Graz)大学教授职位。1930年11月初在格陵兰的考察中魏格纳遭遇暴风雪的突然袭击而不幸遇难。

魏格纳在他一生中除了在大气动力学方面作出一些贡献以外,在地质学方面也作出了重要的贡献。概括地说,他在地质学中的贡献主要有两个方面:

一是他是最早提出月球上的环形山是由陨石撞击形成而非火山爆发形成。当时人们普遍接受的观点是月球上的环形山主要由于火山爆发而形成。直到20世纪60年代末至70年代初的"阿波罗"登月计划实施之后,他的这一观点得到了证实:月球表面的环形山绝大多数是由于陨石撞击形成的陨石坑,而非火山口。

◀鹦鹉螺化石。

另一个，也可以说是魏格纳最大的贡献就是他的“大陆漂移学说”。在科学发展史上，可以说，一些真正的具有革命性的科学理论提出以后往往需要经过很长的时间才能被人们接受。魏格纳在其《海陆的起源》中提出的“大陆漂移学说”就是这种情况，在经历了半个多世纪的争论之后才逐渐被人们接受。

“大陆漂移学说”是现代地质学“板块构造理论”的核心组成部分。“板块构造理论”是地质学中一个非常重要的，涵盖面非常广泛的科学理论，是指导人类认识地球自然历史的一个非常重要的理论体系。

在20世纪50年代以前，由于人们对地球的认识只限于陆地的范畴，在当时的地质学界盛行一种根深蒂固的观点，即地球从形成以来，陆地与海洋之间的相对位置一直保持恒定（后人称其为“固定论”）。由于魏格纳的“大陆漂移学说”宣扬的是完全与之对立的一种观点，即陆地与海洋之间的相对位置在地质历史中不是恒定不变的（后人称其为“活动论”）。

魏格纳首先从地图上大西洋两边南美洲和非洲之间海岸线的相似性中产生了“大陆漂移”的灵感，或者用他的话来说是“大陆错位”。魏格纳并不是第一个注意到大西洋两边海岸线的相似性，并产生“大陆错位”想法的人。早在16世纪末，一位荷兰的学者就注意到了这个现象，并想象可能是地震或大洪水冲开了大西洋两边的大陆。19世纪中叶，一位意大利学者也提出了类似的观点，认为是大洪水冲开了大西洋两边的大陆。很显然，这些想法都是或多或少地受到《圣经》这样的宗教思想的影响，从表象的角度简单地解释这一现象，并没有从科学的角度去论证。对魏格纳来讲，他产生了这么一个想法以后，这个观点就从来没有从他的脑海中消失过。1911年魏格纳在马堡大学的图书馆读到了一篇奥地利学者 E. Suess（1885）有关冈瓦纳大陆（Gondwanaland）的文章。在这篇文章里面提及了当时被大西洋和印度洋所分割的几个大陆上（如非洲、南美、印度、澳大利亚和南极等），都存在一些相同的动物与植物的化石和相似的地层沉积序列，并认为这些大陆曾经通过陆桥连接在一起形成一个统一的大陆，并用印度的一个地名——Gondwana 命名了这个大陆，但现在连接这些大陆的陆桥都已经下沉到海底去了。出于气象工作者对现代全球气候带分布控制因素的本能认识，魏格纳注意到了这篇文章中列举的一些反映古气候信息的沉积物的分布位置与现代全球气候带分布模式不符。如在这些大陆上普遍分布有石炭—二叠纪时期的冰川沉积，而这些大陆现在大多处于靠近赤道的中低纬度附近。魏格纳对传统固定论的解释产生了怀疑。从此开始，他开始收集和整理全球各地各种古生物化石、沉积和地层的资料，并进行古气候的分析，从中得出了对大陆漂移的认识。1912 年的 1 月，魏格纳在一次学术报告上首先提出了“大陆漂移”的观点。由于学术报告会影响范围有限，在当时并没有引起学术界的多大关注。1914—1915 年，他在第一次世界大战中两次负伤住院，使他有时间将“大陆漂移学说”的思想和证据进行系统的汇总并整理成文，并于 1915 年正式出版，之后多次再版。这就是他的《海陆的起源》。1924 年由斯克尔(J. G. A. Skerl)翻译的《海陆的起源》第三版英译本面世，魏氏的“大陆漂移学说”观点才开始受到学术界的广泛关注。然而，由于魏格纳对大陆漂移动力机制解释上的瑕疵，使他的学说一直没有得到科学界的普遍认可。在他去世后就逐渐被人淡忘。

第二次世界大战之后的 20 世纪 40—50 年代，由于古地磁测试技术的提高，人们能够从岩石中测定出岩石形成时地球磁场的一些磁性信息——岩石的剩余磁性，如磁倾角和磁倾向等，并且可以利用这些磁性信息推算古地理纬度和古地磁极的位置。通过研究，人们首先发现在世界许多地方的岩层的剩余磁性所反映的古地理纬度与这些岩层现今所处的地理纬度并不一致。依据同一个地区，不同时期形成的岩层剩余磁性恢复出来的地球磁场磁极位置不但与今天的磁极位置不重叠，而且彼此也不重叠。当时的科学家们就发现如果是从“固定论”的角度来解释这种现象，必然有两种可能：要么我们生活居住的地球曾经有过许多的磁极；要么地球的磁极在地质历史中发生过大规模的迁移。前一种解释显然是难以想象的。如果是后一种情况，那么依据世界各地同一时期形成的岩石剩余磁性恢复的古磁极位置应该一致。但是，当科学家把依据欧洲和北美洲两个大陆上不同时期形成岩石剩余磁性计算出的古磁极位置分别依时间顺序用曲线连在一起对比时发现，两个大陆的极移曲线并不重合，这时，科学家们突然明白了，不是磁极在迁移，而是两个大陆之间发生了相对的位移！这使得人们重新想起了魏格纳的"大陆漂移学说"。

与此大体同时，人们对海洋区域的地质地貌特征也有了新的认识。科学家们利用第二次世界大战期间发明的声呐技术绘制出了全球的海底地貌。在浩瀚的深海大洋中，有绵延数千千米的山脉——洋中脊或称中央海岭、也有岛弧海沟，还有像夏威夷群岛那样的火山岛链。在大洋海底，并不像人们以前想象的那样是大片的海底平原。航磁测量所发现的大洋中脊两侧平行排列的条带状地磁场异常现象则使得科学家意识到这可能是海底沿大洋中脊扩张和地球磁场倒转共同作用的结果。这被深海沉积物的年龄分布模式所证实：在大洋中脊附近只有最年轻的沉积；大洋的边缘包含有最老的沉积物。当人们发现海底最老的沉积物都不老于侏罗纪以前，即 2 亿年前的时候，也着实令科学家们大吃一惊。原来认为非常古老的海洋，其海底竟是这样的年轻！这也使得科学家相信，海底在不断地扩张更新。依据海底磁异常条带的宽度和时限，科学家精确地计算出了 2 亿年以来海底扩张的速率为 1—10cm/年，并被现代的卫星观测结果所证实。

早在第二次世界大战前，地球物理学家们通过地震波技术的应用，已经知道了地球的内部具有地核、地幔、地壳、软流圈、岩石圈等这样的一些圈层结构。

从对海底扩张和地球内部圈层结构的认识中，科学家们赋予了“大陆漂移学说”新的内涵——板块构造运动，并为“大陆漂移学说”找到了新的动力学机制——板块构造机制：

地球的岩石圈是由“漂浮”在软流圈之上的7个大板块和若干个小板块构成；这些板块以大洋中脊和岛弧海沟为边界。在热对流的驱动下，地幔物质在大洋中脊附近上涌，使海底向两边不断扩张，驱动漂浮在软流圈上的岩石圈板块发生移动，使各个大陆之间发生相对的水平运动。在岛弧海沟附近，两个板块之间发生碰撞作用，洋壳型地壳俯冲到了陆壳型地壳之下，被不断消减。

第二部分 《海陆的起源》各章导读

第一篇(第1章至第2章)大陆飘移说的基本内容

第1章

作者开宗明义地提出了大陆块体在地质历史中发生过巨大的水平运动。并以具体的实例阐述了他的“大陆漂移学说”思想，认为：

1. 在古生代石炭纪之前，现在地球上的各个大陆块体曾经联结为一体，构成了一个统一的大陆，称为“泛大陆”。泛大陆周围被一个超级大洋所包围。

2. 从中生代开始，这个超级大陆逐步解体(断裂)成几大块，彼此在大洋海底上漂移分离；随着大陆的分裂，大西洋和印度洋开始形成，并一直演化到今天这样的海陆分布地理格局。

3. 陆地上的高大褶皱山系的形成则与大陆块体的移动有着直接的因果联系。在大陆块体漂移的过程中，其前缘受到冷却洋底的阻力并遭受挤压而褶皱成山。

4. 大陆系由较轻的刚性硅铝质岩石构成，漂浮在由较重的黏性硅镁质岩浆构成的大洋海底之上。可能由于潮汐力和地球自转时离心力的影响，使大陆断裂成几大块体而分离漂移。

前三点与地质学的事实相吻合。而第4点关于大洋海底的性质则建立在错误的假设基础之上。事实上在当时，地球物理学的研究已经证实大洋海底是由刚性硅镁质岩石构成，而非黏性的岩浆。潮汐力和地球自转时产生的离心力是不足以使大陆地壳在刚性的硅镁质洋壳上滑动的。因此，魏氏关于大陆漂移动力机制的解释成为其学说遭受攻击的软肋。现在的观点认为软流圈之下的地幔对流才是驱动大陆漂移的主要力量。

第2章

冷缩说、陆桥说和大洋永存说是当时地质学界几种比较流行的、基于“固定论”解释地壳构造运动、生物地理分布和海陆分布的观点。

冷缩说认为地球通过冷却而收缩，在它表面形成了褶皱山脉；使深海底隆升成陆，大陆块沉降为海底。

现在被大洋所分隔的一些大陆上的动植物具有密切的亲缘关系，说明这些大陆之间在过去曾经有过宽阔的陆地连接。陆桥说认为连接这些大陆的陆桥后来深深沉没，成为今日的洋底。

大洋永存说以地壳均衡理论为基础，从大陆自古迄今一直未曾变动的假设出发，认为大洋盆地是地球表面的永存现象，位置一直保持不变。

作者主要从三个方面驳斥了冷缩说的观点：

1. 通过引证前人关于阿尔卑斯山脉褶皱收缩量的研究成果，认为现在阿尔卑斯山脉的宽度只有收缩前的1/4或1/8。若假定其是由于地球冷却收缩而形成，那么，从理论物理学的角度看，仅形成阿尔卑斯山脉第三纪时期的褶皱就需要降温2400℃之多。按照克尔文的计算，就目前从地球内部向地表流失的热量来看，过去的地球绝不可能有如此高的温度。

2. 如果冷缩说成立，由冷却产生的皱缩作用应该作用于地球的整个表面，而不应该只作用于地球表面的某一点。地质学的事实表明，地球表面的褶皱山系并不是均匀地分布在地球表面。

3. 冷缩说回避了大陆块体和大洋底的性质差别。其关于深海底隆升成陆和大陆块沉降为海底的观点与地壳均衡理论相矛盾。按照地壳均衡理论，较轻的地壳表层是漂浮在较重的下层岩浆之上，就像漂浮在水中的木头一样，只有在负重后，才可能下沉。因此，较轻的硅铝质大陆块体不可能沉降为深海底。冷缩说所宣扬的海陆变化，从地质学的角度看，其实只是海水淹没或退出大陆的变化。大陆从来没有陷落为深海底。

而关于陆桥说和大洋永存说之争，作者认为这两种观点是各持偏见，都只抓住了有利于自己一方的部分事实，而在另一部分事实面前就受到了驳斥，从正确的前提下得出了错误的结论。大陆漂移学说能够合理解释它们争论的全部事实：

1. 陆地的连接是有过的，但不是后来沉没的陆桥，而是大陆之间的直接联合；它们今天的分离状态是由于它们之间发生了大陆漂移。

2. 永存的不是个别的海和陆，而是整个海陆的面积。海陆的相互位置由于大陆漂移会改变，但全球总的海陆面积是不变的。

第二篇（第 3 章至第 7 章）证明

作者以大量的篇幅，从地球物理学、地质学、古生物学和生物学、古气候学和大地测量学的角度论证大陆漂移学说的正确性。可以说，本篇中所引用的地质学、古生物学和生物学、古气候学证据，尽管其文笔不是很流畅，论述也不是很严谨，前后缺乏连贯性，但在论证大陆发生过漂移的事实上还是非常有说服力的。

第3章

作者从地球物理学不同的角度论证大陆和洋底地壳的性质不同。大陆由较轻的岩石构成，而海底由较重的物质组成。证据包括：(1)大地测量统计结果显示地球表面存在两个最大频率的高程：大陆基台（海面之上 100 m）和深海底（海面之下 4700 m）；(2)地震波在通过洋底的传播速度大约比通过大陆的速度要大 0.1 km/秒；(3)与大陆相比，大洋底十分平坦，缺乏褶皱山脉。

需要说明的是作者把大洋底的平坦性和缺乏褶皱山脉解释为是洋底硅镁层具有较大的可塑性和流动性的表现，这一认识是错误的。根据现代的板块构造理论，洋底缺乏褶皱山脉是由于洋壳板块在海沟附近俯冲到了地下的深部。

第4章

作者从地质学角度论证今天被大西洋分隔的大陆曾经联合在一起和大陆发生过大规模的水平运动。

如果说大洋两边的大陆过去曾经直接联合，在它们分离以前所形成的大陆上的褶皱山脉和其他地质构造应该是相互连续的。大洋两侧大陆上的地质构造末端必然会位于同一位置，相互拼合时就可以直接连续起来。也就是说，在它们分离以后两侧残留的岩层在岩性变化序列和性状，所含的生物化石内容，以及褶皱的方向应该是高度一致，可以拼合。而过去不曾直接连接的大陆，则不会具有相同的地质构造。而原来分离的大陆由于大陆漂移会相互靠近，形成新的褶皱山系。

作者引证了大量这类地质学证据说明今天被大洋分隔的一些大陆曾经直接连接在一起，后来发生了大陆的漂移：

1. 大西洋两侧的非洲和南美洲、欧洲和北美洲曾在晚古生代时期直接连接在一起，中生代时期首先从非洲的最南端开始分裂，逐渐分离形成了大西洋。北美洲大陆在向西漂移的过程中还发生了顺时针的旋转。

2. 非洲大陆在向北漂移的过程中于第三纪时期在其北缘形成了阿特拉斯山脉，晚于大西洋的开裂，因此在美洲就找不到它的延伸。

3. 印度在中生代晚期与非洲大陆断裂开来，向东北方向漂移，在新生代早期与亚洲联合，形成了巨大的喜马拉雅褶皱山系，影响范围波及到北亚的兴都库什山一带。作者根据喜马拉雅山的皱缩量计算，印度次大陆的移动距离为 3000 km。马达加斯加岛在第三纪时期与非洲大陆脱离。

4. 印度东岸与澳洲西岸曾经连接在一起。

5. 沿澳洲东海岸呈南北走向分布的石炭纪褶皱山系是从阿拉斯加穿越三大洲（北美洲、南美洲和南极洲）的巨大安第斯褶皱山系的延续和终点。中生代时期澳洲向东漂移而断开。在澳洲东南面的新西兰和北面的新几内亚地区可以见到澳洲后期运动所形成的褶皱山系。需要说明的是，美洲西海岸的安第斯褶皱山系是美洲与非洲分离后才形成的新的褶皱带，与澳洲东海岸的褶皱山系没有关系。澳洲东海岸的褶皱山系应是南美南部和非洲南部晚古生代褶皱带经南极洲的延续和终点。

6. 南极洲可能在西部的格雷厄姆地与南美洲的巴塔哥尼亚曾经相连。

第 5 章

大洋是阻隔不同大陆上陆生动植物相互交流的天然屏障。因此，不同大陆上各个地质时期的动植物的相似程度高低或亲缘关系远近是反映大陆曾经连接或分离的很好指标。相似程度越高，说明两个大陆直接相连；反之，说明两个大陆相互被大洋阻隔。两个大陆分离的时间越久，则其动植物的相似程度就越低，亲缘关系也越远。

被大西洋和印度洋所分隔的一些主要大陆之间在地质历史中曾具有高度一致的动植物化石群被陆桥说的支持者作为说明这些大陆之间曾有陆地连接的重要论据。按照陆桥说的观点，今天这些大陆彼此被大洋所分隔，是由于连接它们之间的陆地已经沉入海底。

在本章中作者接受陆桥说的支持者作为说明这些大陆之间曾有陆地连接的论据，并用他的大陆漂移学说比较合理地解释了若干个重要的、陆桥说不能合理解释的古生物学和生物学事实，特别是涉及陆地之间存在距离上的变化：

1. 北美东南的格临内耳地区、格陵兰岛和北大西洋中的斯匹次卑尔根岛上的第三纪—第四纪植物地理区系的变化。根据森帕尔（M. Semper）的研究，格临内耳地区第三纪时期的植物群与斯匹次卑尔根岛的亲缘关系（63％），要比与格陵兰的关系（30％）更为密切。而今天，它们的关系完全相反（分别为 64％和 96％）。按陆桥说的观点，只能解释今天的情况，因为格陵兰比斯匹次卑尔根岛更靠近北美大陆。但第三纪时的情况就无法解释了。而用大陆漂移学说就可以很好地解释这种差异：在第三纪早期，格临内耳与斯匹次卑尔根之间的距离要比格临内耳与格陵兰的化石点之间的距离短。而现在格陵兰比斯匹次卑尔根岛更靠近北美大陆。

2. 据高次伯格的研究，南太平洋中胡安·斐南德斯群岛（Juan Fernandez Islands）的植物与邻近的智利西海岸并没有任何亲缘关系，但与火地岛、南极洲、新西兰及太平洋诸岛之间存在亲缘关系。陆桥说无法解释这种差异，但大陆漂移学说可以给出合理的解释：南美洲向西漂移，最近才接近该岛，所以植物区系才有如此显著的差别。

3. 虽然夏威夷群岛在距离上与北美最近，海风和洋流也是从北美吹向夏威夷，但该群岛上的植物区系与北美洲很少有关系，而与其西边的旧大陆（亚洲大陆）关系密切。按照大陆漂移学说的观点，在第三纪中期（中新世），夏威夷群岛所处的纬度是

40—45°，属于盛行的西风带，风从西边的日本和中国吹来，而且，当时的美洲海岸离夏威夷群岛的距离也比现在远。

4. 在解释印度德干高原与马达加斯加岛之间的生物关系问题上，大陆漂移学说相比陆桥说也体现出了明显的优越性：因两个陆块现在处于赤道的两侧，所以具有相似的气候和生物特征。但两地相距如此之远，但若用陆桥说解释两地，以及非洲和南美洲等地石炭纪至二叠纪时期的舌羊齿植物(Glossoperis)分布时，就无法在生物学问题上给予合理的解释。而用大陆漂移学说则不成问题。

澳洲现代动物区系的分布也为作者提供了用大陆漂移学说解释其形成机制的很好例证。根据现代哺乳动物，全世界可以区分出 6 大动物区系，澳洲动物区系是其中之一。位于印度尼西亚南部的巴厘岛(Bali)和龙目岛(Lombok)之间的直线距离虽然只有 20 多千米，却是两大动物区系(东方动物区系和澳洲动物区系)的分界线，即著名的"华莱士线"(Wallace's line)。在此线以西，完全缺失有袋类哺乳动物。

根据华莱士(A. R. Wallace)，澳洲的动物界可以分出三个古老的系统(或分区)。

(1) 第一个分区见于澳洲的西南部，以喜温动物为代表。它与印度、斯里兰卡，以及马达加斯加和南非具有亲缘关系。这个亲缘关系起源于当澳洲还与印度相连的时期。但到侏罗纪早期，这种联系就中断了。

(2) 第二个分区是以澳洲特有的哺乳动物——有袋类和单孔类(如鸭嘴兽和针鼹)为代表。有袋类的化石在北美洲和欧洲曾有发现，但未在亚洲发现。从现代有袋类动物的分布和动物体内寄生虫，可以推知这一动物分区的动物成分与南美洲存在血缘关系。关于澳洲和南美洲的血缘关系，若从喜热的爬行类动物来看，很难显示出两地有什么密切的联系，但从耐寒的两栖动物类和淡水鱼类来看，则有大量证据显示两地之间存在密切的血缘关系。华莱士确信，澳洲与南美洲之间即使有陆地相连，也必然是位于靠近大陆寒冷的一端。因此，魏格纳认为，澳洲和南美洲的动物血缘关系发生在澳洲与南极洲和南美洲还相连的时期，即澳洲与印度分离之后（侏罗纪早期），澳洲与南极洲分离之前（始新世）的这段时期内。由于澳洲今日靠近了印度尼西亚群岛（即原文中的巽他群岛），这些动物又逐渐侵入到印度尼西亚群岛的东部。

（3）澳洲第三个动物分区位于澳洲东北部和新几内亚。动物成分系以从印度尼西亚群岛移居而来东方动物区系分子与澳洲动物区系分子混生为特点。澳洲的野狗、啮齿类（老鼠）、蝙蝠等是第四纪以后才迁入的。因此，该动物分区是在最近的地质时期才形成的。

在说明澳洲动物地理区系的形成机制上，作者对陆桥说给予了有力的批驳：南美洲与澳洲之间最短的距离几乎与从德国到日本的距离相当。如果说这两个大陆之间在地质历史时期可以靠一个陆桥进行物种的交换，那么，为何澳洲与近在咫尺的印度尼西亚群岛之间却没有发生过物种的交换？

按照大陆漂移学说的假说，澳洲与南美洲之间曾经非常靠近，而与印度尼西亚群岛之间则曾有宽阔的大洋相隔（参考原文的第1、2图）。

第 *6* 章

作为一位气象学家作者对现代地球表面主要气候带的控制因素非常敏感，而且也非常清楚。像我们所知道的热带、温带、寒带这样的气候带主要是由地理纬度来控制的，沿纬度呈带状分布。地球的过去，也应该存在类似的气候分带现象。在不同的气候带内都会有其特征的生物和沉积。如寒冷北极圈内的冻土苔原植被和温带的泰加林植被有显著的差异；而温带的森林植物在树干年轮上与热带雨林植物不同。今日的棕榈树分布仅见于最冷月平均温度超过6℃的地方。现代的珊瑚仅见于水温超过 20℃的海洋中。冰川作用只发生在极地区域或不同纬度上的寒冷高山地区。干燥的气候带内由于降水量小于蒸发量，十分容易形成蒸发盐类的沉积（如石膏、石盐等）。反过来，我们可以从化石和沉积岩中，获得很多有关这些化石生物生活时期、或沉积岩形成时期的古气候信息。世界各地地质历史时期的气候变化应该与气候带相适应。

作者通过对当时来自世界各地的大量古生物学和沉积学资料所反映的各个大陆不同地质时期的古气候信息的分析整理和归纳，发现世界上许多地区过去具有与今天完全不同的气候，以实例充分论证了用传统固定论观点无法合理解释古代气候的变化问题。即按照今天大陆的配置，无论怎样安放地极和气候带，都不可能与当时的气候相适应；而“大陆漂移学说”可以给予非常合理的解释。

今日的斯匹次卑尔根岛位于北极圈内，为大陆冰川所覆盖，气候十分寒冷。但在第三纪时期的植物化石中存在许多温带地区的种类，显示出与今日法国相同的气候。在白垩纪甚至存在只在热带才有的西米椰子等。石炭纪时期则存在像芦木、鳞木、树蕨等形成欧洲大煤系的植物。位于斯匹次卑尔根岛以南、纬度相差 90°的非洲中部在同一时期经历了完全相反的气候变化。这种从热带到极地，或从极地到热带的巨大气候变化使人很容易联想到地极和赤道移动而引起的气候带的系统移动。但是非洲中部以东，经度相差 90°的印度尼西亚群岛却没有发生过气候的变化，至少从第三纪以来，一直是热带的气候。从固定论的角度出发，必然会得出当时的赤道不是一条与两极垂直的直线，而是曲线。

一些学者研究发现，在第三纪初期，北极曾位于现在的阿留申群岛附近，之后向格陵兰方向移动，第四纪时到达格陵兰。似乎地极移动假说可以解释这样的气候变动。然而，地极移动假说在涉及确定更早地质时期的地极位置时，就遇到了不可克服的障碍。南半球大陆上广泛分布的石炭纪—二叠纪冰川作用痕迹是其最大的障碍。

如果把当时的南极位置确定在这些冰川遗迹最适中的南纬50°东经45°处，那么最远的冰川分布区，如巴西、印度和澳洲东部都将位于离赤道10°以内。那么，就必须假定当时的整个南半球都属于极地气候。而北半球石炭纪—二叠纪时期的沉积层中不但找不到任何冰川的痕迹，相反，在许多地方发现了热带植物的化石。这显然不符合地球的气候分带模式。

而如果如允许大陆之间可以发生水平方向的位移(既大陆漂移)，则上述的石炭纪—二叠纪冰期之迷就十分容易解释了。作者把南半球的这几个分离的大陆拼在了一起，把有冰川分布的地方放在当时南极的附近；把北美和欧亚这些有热带沉积物的大陆恢复到相当于赤道周围，或者中低纬度的位置，容许这些大陆在后来的地质时期相互漂移分离，这样就非常好地解释了沉积与气候带不相符合的现象。

第7章

在本章中作者首先根据前人有关地质时期绝对年龄的资料估算了一些大陆块体之间的分离速度。需要说明的是，当时对地质时期绝对年龄的估算很不准确，与今天的结果相差很远。

之后，作者引用了一些大地测量的数据试图说明一些大陆块体之间在短时期存在纬度和经度上的距离变化(位移)。但当时测量技术误差较大，其观测数据并不能令人信服地说明大陆之间存在位移变化。20世纪60年代以后，在更精确的绝对年龄测定基础上，科学家依据海底磁异常条带的宽度和时限，估算出了2亿年以来海底扩张的速率为1—10cm/年，并被现代的卫星对地观测结果所证实。

第三篇(第8章至第13章)解释和结论

本篇中的内容是当时学术界对作者的学说质疑的症结所

在。这些解释和结论大多是建立在"较轻的刚性硅铝层（大陆）在较重的黏性硅镁质（大洋底）上滑动"的错误假设前提之上。

第 8 章

在本章中作者从地壳均衡作用产生的垂直补偿运动、地极移动和地球扁平度的角度，论证和强调地球是一具有黏性的球体，为其之后的大陆漂移动力机制讨论做铺垫。尽管当时的一些地球物理学者已经证实，在室温条件下，地球比钢还坚硬 2—3 倍，但作者认为地球在巨大的重力和漫长的时间（数千年至数百万年）作用下，会具有像黏性流体一样的性质。现代地球物理学研究表明，地球的表层（岩石圈）是刚性的，而其之下的下地幔部分，由于由熔融岩浆构成，才具有黏性流体的性质。

第 9 章

1. 关于太平洋、大西洋和印度洋的深度差异，作者正确地指出了它们与大西洋型海岸和太平洋型海岸（见第 11 章）有连带关系，但错误地把深度差异的原因归结为它们洋底的年龄差异，认为老洋底经历了更长时间的冷却，因而比新形成的洋底密度高，所以更深。在同一大洋内，确实存在由于冷却所造成的新老洋底的深度差异：如大洋中脊两侧附近的洋底由于是最新形成的，所以比周围的洋底都高。根据 20 世纪 50 年代以后的海底调查，现今所有大洋中存在的最古老洋底，其年龄都不超过 2 亿年（侏罗纪），都位于靠近大陆的部分。按照现代板块构造理论，具有太平洋型海岸的大洋（太平洋和东印度洋）有较大的深度主要是由于其受到了来自大陆板块的挤压。

2. 作者以塞舌尔群岛和斐济群岛（第 25 图）为例试图说明由于硅镁质洋底的流动所产生的牵引，使原来平直的列岛变成弧形。或许塞舌尔群岛的弧形变形可能是洋底扩张时不同部位扩张速率差异产生的牵引所致，但斐济群岛的变形系三个板块（欧亚板块、印度板块和太平洋板块）相互挤压作用的结果。

3. 关于深海沟的性质，作者把新不列颠岛南面和东南面的直角形弯曲的深海沟（可称为岛弧型海沟）成因归结于由于新几内亚岛在硅镁质洋底上掘沟推进，向西北方向运动的牵引，而使陆块后方流出的硅镁质没有来得及充填；而将南美智利附近的阿塔卡马海沟（可称为安第斯型海沟）归因于山体对硅镁质洋底的高压。这种认识显然是错误的。按照板块构造理论，无论是岛弧型海沟和安第斯型海沟，都是由于板块之间发生相互碰撞，洋壳俯冲到陆壳板块之下所成。

第 10 章

1. 在本章中作者认为硅铝质的岩层可能曾包围过整个地球，那时的硅铝圈厚度只有 30 km，而不是现在的 100 km。地球具有移动性和可塑性的外壳，一面被撕裂开来，一面又被褶曲拢来。撕裂开来时就形成了深海盆地，褶曲拢来时就形成褶皱山脉。硅铝圈的最早裂隙可能和今天的东非裂谷成因相似。在挤压力和拉张力的相互作用下，产生单向的演变，即皱合与肢解。因此，硅铝壳在地质历史中不断缩小其面积，并增加其厚度，也愈益破裂。这显然是一种想当然的想法。生物的演化和大陆的构造结构并不能说明硅铝圈曾经包围过整个地球。相反，大陆的结构构造说明硅铝圈的面积在地质历史中是不断增加的。

硅铝质地壳是在地球的内外动力的共同作用下，从原始的硅镁质地壳中分异而来：

（1）从部分熔融的上地幔物质中分离出来的上涌岩浆形成了最初的地壳，其物质组成与今天的洋壳接近。

（2）固结地壳的出现，使板块构造运动的机制开始发挥作用，原始地壳相互碰撞俯冲，发生重熔，使较轻组分不断被分离出来而带到表层，形成了原始的高地——火山岛弧。而高地出现则使固结的熔岩开始遭受物理和化学的风化作用。其产物沉积在高地周边低洼的地方和海底，构成了地球上最早的沉积物。这些沉积物在板块构造的作用下，发生强烈的褶皱变质作用和经历高温重熔的改造，最终在岛弧地区形成“花岗质”(即硅铝质)的岩石。

(3) 循环往复的板块俯冲使零散分布的岛弧逐渐汇聚拼合成较大的硅铝质块体，构成了大陆的核心。

(4) 新陆地的出现，为其边缘的沉积提供了新的物质来源；在后续的褶皱造山事件中，这些沉积物发生变质和熔融作用而被焊接或“增生”到原始的陆核之上，使大陆不断“增生”。

地质学证据表明，现代大陆的基本轮廓或基地，在元古宙的早期就已经成型。

2. 作者对硅铝质地壳内部结构的假设也是明显错误的。确实在大陆上很多地方有火山活动，喷出硅镁质的岩浆(所形成的火山岩称玄武岩)。但其来源并不是作者所称的包裹在硅铝质地壳中的液态硅镁质岩浆池。根据现代的认识，它们应该直接来自地幔。有两种可能性：一是大陆上存在深达地幔的巨大断裂，如东非大裂谷；二是地幔中的异常高温点(地幔柱)烧透了覆盖其上的大陆地壳。岛弧地区的火山作用系由洋壳俯冲造成的地下岩石的重熔所成，故其岩浆成分与硅铝质相近。

第 11 章

1. 作者从地壳均衡的角度解释了构成喜马拉雅山脉、阿尔卑斯山脉和挪威山脉的岩层的差别。当形成褶皱山脉的沉积岩层被剥蚀以后，由于地壳的均衡补偿，原来深埋地下的火成岩就会随之抬升，成为山脉的主体。因此，作者认为山脉的褶皱是在保持均衡下的一种压缩。

2. 关于褶皱山脉的不对称性，作者认为是在大陆漂移的过程中，硅铝质总在褶皱中向下方伸沉，后来向外扩展，在一定程度上渗入到未褶皱的地壳的下方中，就把那部分地壳抬举上来。由于硅铝质地壳总是在硅镁层上整块地流动，所以硅铝层势必发生偏向一边的扩展。这样的认识是建立在其假象的大陆漂移动力机制之上。按照现代的认识，山脉的不对称性是由于大陆板块前进的边缘受到了来自另外一个板块的挤压而褶皱。

3. 关于褶皱山脉地区沉积岩层厚度巨大的问题，诚如作者所说，这里原来是大陆棚或大陆斜坡，并非豪格所称的地槽。但作者认为边缘大陆棚硅铝质壳较薄、抵抗力可能较弱，并包含有更多更大的硅镁质馅，因此具有可塑性，所以容易发生褶皱。这种说法是不正确的。

4. 作者以两个陆块间的相对运动关系对不同类型褶皱和断裂给予了正确的解释，认为褶皱和断裂是同一过程（陆块各部分彼此推动）的不同效果。并以东非大裂谷为例，对大陆块体的破裂给予了简单的说明，认为如果断裂继续扩大，硅镁质必然会最终浮露到自由表面，从陆块边缘掉下的碎片也将成为浮在硅镁质上的岛屿。就目前的认识而言，科学家们对大陆为什么会破裂还没有取得共识。

第12章

1. 作者认为，海陆的重力压差会在垂直的大陆边缘产生一种力场，使大陆台地的物质向大洋方向挤压。由于硅铝层具有足够的可塑性，在一定程度上可以抵御这种强大的压力，所以在大陆边缘形成阶梯状的断裂。当大陆块被大陆冰川所压覆时，在其边缘必然产生一种特殊的力，使大陆块向水平方向扩展，在其边缘产生拆裂，形成峡湾。

2. 关于花彩岛（即在大陆边缘分布的链状群岛，在地质学上，通常称为岛弧），作者从亚洲东海岸的形状和弧形分布的花彩岛（阿留申群岛—日本列岛—印度尼西亚群岛—新西兰岛）推测，这些花彩岛是欧亚大陆在向西北方向漂移的过程中，从大陆边缘脱落下来的硅铝质碎片，原来属于大陆边缘的海岸山脉。并以加利福尼亚半岛为例予以说明。但按现代的板块构造理论，这样的说法是站不住脚的：

（1）这些花彩岛，有些是从大陆边缘脱落的碎片，但并不是由于欧亚大陆在向西北方向漂移的过程中形成，而是欧亚大陆与太平洋板块和印度板块相互碰撞过程中，由于不同部位的应力差异造成了局部地区的拉张，而使这些花彩岛与大陆有不同程度的分离。

（2）岛弧内侧的火山活动和外侧的抬升以及深海沟系由洋壳向下俯冲所成。因此，这些地方也是地震频繁发生的地方。

（3）大洋中的岛链（如夏威夷群岛）与太平洋西岸的岛弧有不同的成因。它们是在海底扩张的过程中，由地幔柱不断烧穿洋壳所形成的火山岛链。

（4）加利福尼亚半岛坐落在太平洋洋中脊附近的转换断层（只发生水平滑动的板块边界类型）之上。旧金山大地震与此转换断层有关。

3. 关于大西洋型海岸和太平洋型海岸的差异成因，作者只说对了一点，即大西洋海岸形成时间较晚。按照现代地质学观点，这两种海岸代表了两种不同类型的大陆边缘：被动大陆边缘（大西洋型）和活动大陆边缘（太平洋型）。前者所在的硅铝质地壳和硅镁质地壳属于同一个板块，因此该类型大陆边缘不具有褶皱的海岸山脉、火山活动和地震。后者所在的硅铝质地壳和硅镁质地壳分属两个不同的构造板块，彼此间存在相对的挤压作用，因此该类型大陆边缘常常具有褶皱的海岸山脉、强烈的火山活动和地震。

第 13 章

作者认为大陆块的漂移遵循一大原则：向赤道和向西漂

移。也就是说大陆在离极运动和向西漂移运动的两种分力的作用下漂移。

位于不同纬度（地极和赤道除外）的大陆块体的重力和其受到下伏硅镁质岩浆的浮力，受地球旋转的离心影响，均略向赤道方向倾斜，形成一个从地极指向赤道的合力，这就是离极的作用力。在45°纬度处最大，大约相当于重力的二三万分之一。

向西漂移的作用力：地球自西向东旋转的过程中，受日月引力所产生的潮汐摩擦力。

根据地球物理学家的计算，这些力是根本不足以推动大陆的漂移。虽然作者对这些力的大小是否足以驱动大陆移动存有一定的疑问，但作者仍然认为，在这些力的作用下，大陆在硅镁质层上缓慢滑动，在数百万年的过程中，日积月累，仍可引起显著的移动。

2006年8月于

北京大学地球与空间科学学院史前生命与环境科学研究所

序

约翰·伊凡斯(John W. Evans)

· *Preface* ·

在今日尚待解决的问题中，很少有比地球历史上海陆的范畴及其关系这一问题更令人着迷的了。曾经有许多关于这方面的地图发表过：有些是依据已知其年代的海陆沉积层的形成及其分布而制成的；有些地图的依据则不十分具体，例如对于含有时代相同但性质不同的海相动物的沉积层间认为存在着古陆的阻隔。另一方面，如果目前为海洋所隔开的陆地上的动植物极为相似，就往往认为这是陆地间必曾有过陆桥相连接而后来陆桥才沉没于海底的充分证据。

但是，在复原过去地形的工作中，却从来没有人想到大陆间的相关位置有过显著的变动，虽然在从前的宇宙学者们中曾经不止一人暗示过这种可能性。

一直等到魏格纳教授搜集了大量地质资料，才进而证明了这种相对运动确实是发生过的。

不仅分布在陆地上的古今生物提供了支持他这种论点的有力证据，而且，今日隔海数千英里的地区彼此沉积层系列极为相似的现象，除了表明它们是在相近地区的相同条件下沉积的外，也别无其他合理解释。

地球上各处重力与磁力变化所提供的证据使我们不得不承认：海洋与陆地并不如过去所想象的那样只是地表局部的和暂时的起伏，而是由地壳组成成分的基本差异所引起的。

大陆块的岩石大部分是由酸性深成岩（即花岗岩与片麻岩）所组成的。沉积岩、变质岩和基性火成岩虽然在地球表面上具有显著的作用，但在数量上到底居于从属的地位。大陆岩石整个说来密度较小，主要由硅、铝、碱组成，合称为 Sial，即硅铝层（注：苏斯〔Suess〕曾称之为 Sal，但我们赞同魏格纳的意见，采用普费弗尔〔Pfeffer〕教授的建议，改称为 Sial，以免与盐〔Salt〕的拉丁字〔Sal〕相混淆）。

有足够的理由可以相信，形成大洋底的岩石具有较多的基性成分，含有大量的镁、氧化铁及石灰，铺在大陆的硅铝层下面的也是同一成分的这种岩石或岩浆：它们组成了厚约1500千米的一个地球物质圈。它被称为 Sima，即硅镁层，以区别于硅铝层。

据魏格纳等人的估计，大陆硅铝层的厚度为 100 千米（我认为这个数字似嫌太大）。魏格纳教授相信，大陆的漂移是硅铝块在硅镁层中移动的结果，硅镁层在硅铝块移动时让出了道路。他把硅镁层的物理性比作火漆，是一种黏性极大的液体。当然，硅镁层的黏性（即对于变形的抗力）远比火漆大，但在地球历史的漫长岁月中，遭到不断的作用力以后，它会像火漆一样发生变形。

我个人认为硅铝层与硅镁层之间最重要的差别在于下列事

实：即岩浆(从中通过结晶析出硅铝质)之所以具有流动性是由于其中含有大量的岩浆水与其他挥发性成分。一旦在结晶过程中失去了这些成分，以后要使岩浆再度呈流动状态，就非有比原始岩浆高出很多的高温不可。水成岩和变质岩一般说来也是很难熔化的。硅镁层则不然，基性岩浆含水极多，岩石原始结晶温度与再熔化时所需的温度并没有很大的差别。因此温度一经升高，硅镁层就比较容易进入熔化或半熔化状态。硅镁层温度的升高可能由于沉积物覆盖在其岩石上和堆积物的沉压作用所致，也可能如乔利教授(Prof. Joly)所指出的仅仅是放射能的结果。

魏格纳教授设想：硅铝层原曾覆盖过地球的整个表面，但随着时代的进展，由于皱缩而使它的面积减小了，厚度增加了。到了古生代末期和中生代初期，它形成了一整块大陆，称之为Pangaea，即世界洲。这个大陆后来逐步分离，彼此移开，组成了今日的各大洲。

魏格纳教授又采用了一个为各方面所鼓吹着的见解，即地球表面的地极位置随时有所变动，因此同一地区在不同时代中即经历到极地气候条件，也经历到赤道气候条件。他从化石和岩性对古气候所提供的证据中，试图追索出从泥盆纪到今日的地极移动的踪迹。以往很多学者认为石炭纪末或二叠纪初南美洲、印度与澳洲的冰川是由于当时其地靠近南极所致，但总找不出任何一个南极点，能使所有的冰川都位于距南极70°以内。根据魏氏的假说，这个困难就不存在了。他认为这些冰川当时都靠拢在一处，并不像现在那样远离重洋，达数千千米之遥。

在魏格纳教授所提出的各种问题中，最有趣的问题之一是目前陆块间的相对运动能否用仪器来确切记录的问题。根据一系列用月球观察经度(观测月球对恒星的视运动)的结果，表明格陵兰东北部与格林尼治间的经度距正在逐渐增大。只是这些观测是否准确，直到现在还没有能得到普遍的证实。于1863年和1882—1883年间，在格陵兰西部的果特霍普(Godthaab)作了月球观测，所得的结果表明其经度反而减少了2.6秒。1922年，金生(Lt. Col. Jensen)中校曾利用从瑙恩(Nauen)发出的无线电讯号,并用13.5厘米的经纬仪观测星体通过中天的时间,进行了精密的经度测定,获得了比前次测定的平均值约大5秒的数值。魏氏认为这是格陵兰向西移动的确证。恰尔斯·克罗斯上校(Col. Sir Charles Cross)认为由于月球观测方法的不可靠,这个数字也不应接受(见1924年英国《地理杂志》〔Geogr. Journal〕第63卷第147页)。当然,用无线电方法进行观测要准确很多。如果能于今后十年中用金生中校的方法继续进行观测,总能得出一个肯定的结论。

魏教授也提到英国格林尼治与美国马萨诸塞州的坎布里奇(Cambridge)之间在1872年、1892年及1914年用海底电报讯号测定的经度差,它们仅显示出增加0.023秒。但这些测定常常受到性质不明的各种骚扰,而这些骚扰所影响的数值比所要求计算的微小变值还大。但在判定有无任何真正的经度变化这一问题上,我们今后会更有办法些,因为现在在两个观测所之间每天都能收到并记下无线电讯号(也可在两大陆上的其他观测所内进行),还可以在一年中的每个晴朗的晚上观测星体通过中天的时间,所以经度的观测几乎是在不断地进行着,一些临时的反常的影响也就不难予以消除。这样,在几年以内,定能获得最为正确可靠的结果。

无论将来这些观测的成果如何,也无论他对今日海陆形状的演变的见解是否还得修正,魏格纳教授引导我们注意到,在地球变迁上有一个任何人所不容忽视的重要的新要素,他的这个功绩总是极为可贵的。

我曾另撰文章批评过魏氏结论中的某些细节,这里没有复述的必要。在这个译本中,我只是关心着它能把原著者的见解与论点忠实地翻译出来。抱着这个目的,曾把这份译稿送给魏格纳教授审查过,我自己也曾仔细校阅。因此,这个译本是可以看作魏氏学说的一个正确而可信的阐述的。

第一篇

大陆漂移学说的基本内容

· Ⅰ. *The Essentials of the Displacement Theory* ·

我们必须完全拒绝冷缩说，而对于陆桥说与永存论，我们则只需将它们的论据化为理应得出的结论，以便通过大陆漂移学说来协调这两种如此对立的理论。大陆漂移学说的说法是：陆地的连接是有过的，但不是后来沉没的陆桥，而是大陆间的直接连合；永存的不是个别的海和陆，而是整个的海陆面积。

第 1 章

大陆漂移学说

任何人观察南大西洋的两对岸，一定会被巴西与非洲间海岸线轮廓的相似性所吸引住。不仅圣罗克角（Cape San Roque）附近巴西海岸的大直角凸出和喀麦隆附近非洲海岸线的凹进完全吻合，而且自此以南一带，巴西海岸的每一个突出部分都和非洲海岸的每一个同样形状的海湾相呼应。反之，巴西海岸有一个海湾，非洲方面就有一个相应的突出部分。如果用罗盘仪在地球仪上测量一下，就可以看到双方的大小都是准确地一致的。

这个现象是关于地壳性质及其内部运动的一个新见解的出发点，这种新见解就叫做大陆漂移说，或简称漂移说；因为，这个学说的最重要部分是设想在地质时代的过程中大陆块有过巨大的水平移动，这个运动即在今日还可能在继续进行着。

举具体的例子来说，根据这个见解，南美洲高原与非洲高原在数百万年以前原是相互接合的一整块大陆，自白垩纪时才最初分裂成两部分，以后它们就像漂浮的冰山一样逐步远离开来。同样，北美洲过去和欧洲极为接近，至少在纽芬兰与

◀1930 年格陵兰探险。

爱尔兰以北是如此。这两个大陆连同格陵兰一起原是连接为一个陆块的，到了白垩纪末，它们才被格陵兰附近的一个枝状断裂所扯破，更北一带则到了第四纪时才破裂，以后大陆块就彼此漂移开来。

必须说明的是，在这本书里，凡是为浅海所淹没的大陆棚，我们都看作是大陆块的一部分，所以陆块的边界在很多地方并不以海岸线为准，而是以深海底的陡坡为准。

同样，我们认为：直到侏罗纪初期，南极大陆、澳洲、印度与南非洲还是相连接的。它们并和南美洲一起接合为一个单一的巨大陆块（虽然有时候部分地区为浅海所淹没）。在侏罗纪、白垩纪与第三纪时它分裂为破碎的小块，然后各自向四方漂散。第1、第2图中的三张复原图就表示着这些陆块片分别在石炭纪后期、始新世和第四纪后期漂离的经过。至于印度，情况稍有不同。它原来是以一个长形的地带和亚洲大陆相连接的（虽然它大部分确曾被浅海所淹没）。自从印度一方面与澳洲分离（在下侏罗纪），另一方面和马达加斯加岛分离（在白垩纪与第三纪之间）后，由于印度不断地逐步移近亚洲，长形地带与亚洲的连接部分才一再压缩褶皱拢来，形成今日世界上最巨大的褶皱山系——喜马拉雅山系以及亚洲高原的许多褶皱山脉。

在别处，大陆块的移动和大山系的起源也有着因果联系。南北美洲在向西漂移中，由于受到古老的冷却的坚硬的太平洋底的阻挠，它们的前缘部分就褶皱成高大的安第斯山脉，从阿拉斯加一直伸延到南极洲。澳洲陆块（包括仅为陆棚相隔的新几内亚在内）的情况也是一样。年轻高大的新几内亚山脉形成于陆块移动方向的前缘。如附图所示，这个移动的方向在它和南极洲分裂的前后是不同的。当时东海岸是移动方向的前缘。接着，在靠近这个海岸前方的新西兰山脉也褶皱起来；其后由于移动方向的改变，这带山脉就脱落在后方，成为花彩岛。今日澳洲东部的科迪勒拉山系（Cordillera Mts.）形成年代更早，它形成于澳洲与南极洲分离以前的陆块移动前缘。它和南北美洲较古的褶皱即所谓前科迪勒拉山系（安第斯山系的基础）是同时代的产物。

除了向西漂移以外，我们也看到在大范围内陆块向赤道的冲击。巨大的第三纪褶皱带的形成就和这个运动有关。这个褶皱带从喜马拉雅山延伸为阿尔卑斯山和阿特拉斯山。当时这些山地是位于赤道带以内的。

上述新西兰古海岸山脉脱离澳洲陆块而形成花彩岛这一现象，说明了小陆块片由于大陆块的西移而脱落下来的情形。东亚大陆沿海山脉也同样是脱落下来的花彩岛。大小安的列斯群岛是中美陆块的移动所遗留下来的。在巴塔哥尼亚（Patagonia）与南极洲西部之间的南安的列斯岛弧也是脱落的碎片。事实上，凡是向南北方向尖削的所有陆块，它们的尖端都由于这种脱落而曲向东方。格陵兰南端和佛罗里达、火地岛（Tierra del Fuego）、格雷厄姆地（Graham Land）陆棚以及印度与锡兰岛（现在的斯里兰卡岛）分裂的情况都是很好的例子。

显而易见，这个完整而广泛的大陆漂移学说概念必须从海洋与大陆块间的一定关系出发来进行探讨。海洋与大陆这两个现象实在是根本不同的东西。大陆块厚约 100 千米，浮沉在岩浆里，其高出于岩浆的部分仅厚约 5 千米。在深海底部，这层岩浆是出露的。

所以，最外层的岩石圈并不完全覆盖整个地球（过去是否曾经覆盖过可以置之不论），但在地质时代中，最外层岩石圈却由于不断的褶皱与挤压，面积日益缩小，厚度则逐步增加，终于分裂为个别的较小的陆块。今日大陆面积仅占地球总面积的1/4，大洋底部成为地球内层岩石圈的自由表面，它在大陆块的下面估计也存在着的这些事实，牵涉到大陆漂移学说的地球物理学方面。

对大陆漂移这个新的学说进行详尽的论证将是本书的主要目的。但在进行论证以前，有一些事实经过不得不先叙述一下。

大陆漂移的想法是著者于1910年最初得到的。有一次，我在阅读世界地图时，曾被大西洋两岸的相似性所吸引，但当时我也即随手丢开，并不认为具有什么重大意义。1911年秋，在一个偶然的机会里我从一个论文集中看到了这样的话：根据古生物的证据，巴西与非洲间曾经有过陆地相连接的现象。这是我过去所不知道的。这段文字记载促使我对这个问题在大地测量学与古生物学的范围内为着这个目标从事仓促的研究，并得出了重要的肯定的论证，由此就深信我的想法是基本正确的。我第一次把这个想法发表出来是1912年1月6日我在美因河上的法兰克福城(Frankfort-on-Main)的地质协会上作的讲演，题为“从地球物理学的基础上论地壳轮廓(大陆与海洋)的生成”。后来，我又在1月10日的马堡(Marburg)科学协进会上作了第二次讲演，题为“大陆的水平移位”。同年(1912年)，这两篇讲演都刊出了[①]。接着，1912年至1913年我在科赫(J. P. Koch)的领导下参加了横跨格陵兰的探险。后来因受兵役之阻，我未能对这个学说做进一步的工作。到了1915年，我终于能利用一个较长的病假期，对这个学说作了比较详细的论述，写成本书，收入《费威希丛书》(*Vieweg Series*)而出版[②]。第一次世界大战结束后本书需要再版时，出版者慨然允诺把本书从《费威希丛书》转移到《科学丛书》中来，因之得以大加增补[③]。现在的版本几乎是完全重新写成的，因为根据这个学说的观点对本问题有关材料的收集与整理已大有进展，而探讨这个论题的新文献也更为浩繁了。

在查考上述文献时，我发现有好几个先辈学者的见解是和

---

① A. 魏格纳：《大陆的生成》(*Die Entstehung der Kontinente*)。1912年《彼得曼文摘》第185—195、253—256、305—309页。同一题目文字略经简缩，发表于1912年德国《地质杂志》(*Geol. Rundsch*)上，第3卷第4期第276—292页。

② A. 魏格纳：《海陆的成因》(*Die Entstehung der Kontinente und Ozeane*)。《费威希丛书》第23集，共94页，1915年不伦瑞克(Brunswick)出版。

③ 本书第二版为《科学丛书》(*Die Wissenschaft*)第66集，共135页，1920年不伦瑞克出版。

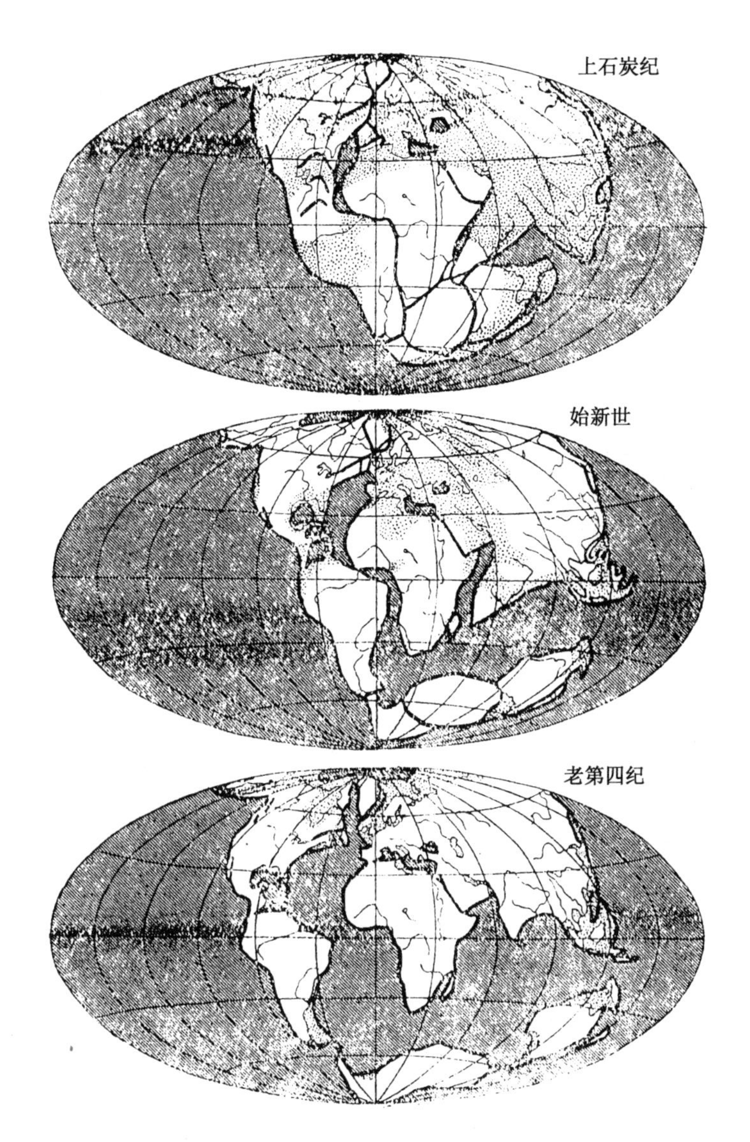

第 1 图　根据大陆漂移学说绘成的世界三个时期的海陆复原图

斜线表示海洋；密点表示浅海；今日的海陆轮廓与河流仅供辨认之用。经纬线是假定的（以今日的非洲与标准）

我一致的。整个地壳是在旋转（但旋转时其各部分的相对位置

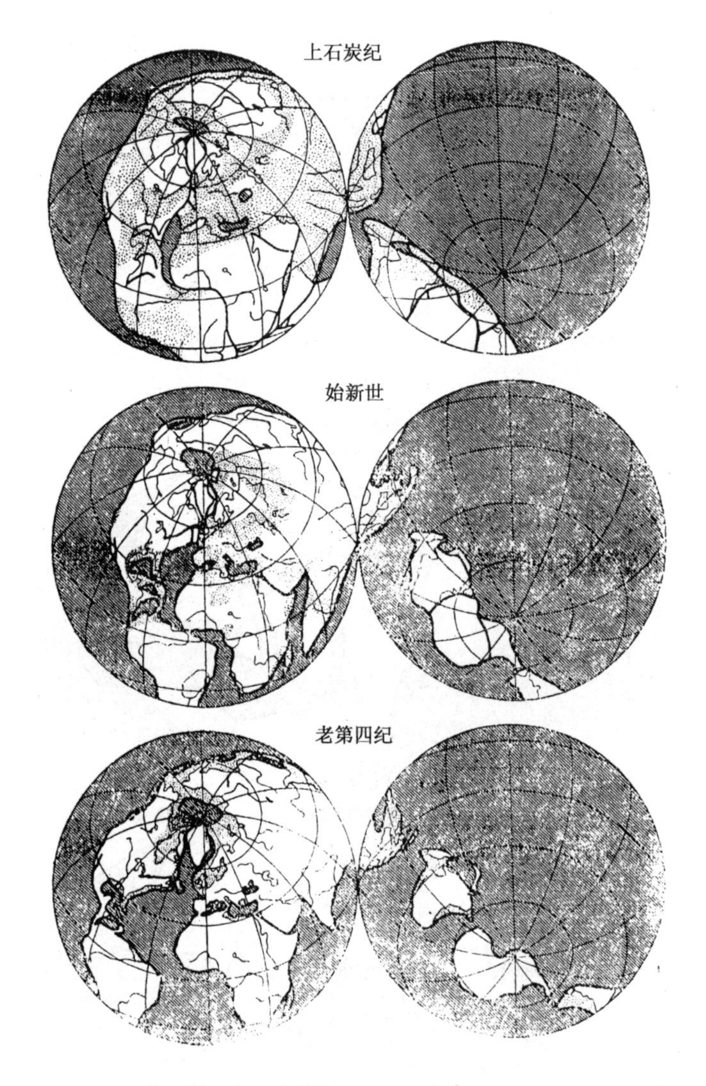

第2图 (同第1图),但投影不同

不变)的想法,勒费尔霍次·封·科尔堡(Löffelholz von Colberg)[①]、克莱希高尔(Kreichgauer)[②]、约翰·伊文思(Sir John Ev-

① 勒费尔霍次·封·科尔堡:《在地质时期中地壳的转动》(*Die Drehung der Erdkruste in geologischen Zeiträumen*),共62页,1886年慕尼黑出版。第二版增至247页,1895年慕尼黑出版。

② D.克莱希高尔:《地质学上的赤道问题》(*Die Äquatorfrage in der Geologie*),共248页,1902年希太尔(Steyl)出版。

ans)等许多学者都曾有过。在惠兹坦因(H. Wettstein)的杰出著作中[1],也表示过大陆具有大规模相对水平移位的倾向(虽其著作中有很多乖谬之处)。根据惠兹坦因的说法,大陆(不包括被海淹没的大陆棚在内)不仅在移动,并且在变形,它们由于太阳对地球黏性体的潮汐引力而向西漂移。施瓦尔茨(E. H. L. Schwarz)在1912年英国《地理杂志》第284—299页上也有过同样的说法。但他认为海洋是沉没的大际,并且还发表了关于所谓地理对应和其他地面问题的奇异想法,在这里,我们就不谈及了。和本书的著者一样,皮克林(W. H. Pickering)在他的著作中[2],从南大西洋海岸的相似性,推想美洲是从欧非大陆扯开后移过大西洋来的。皮克林没有看到在地质历史上这两块大陆一直到白垩纪前还是连接着的这个事实,却把这种连接的时间设想在极古远的过去,并认为大陆的分离和达尔文的月球是从地球上抛出去的说法有联系。他相信月球抛出去后的遗迹在现在的太平洋盆地中还可以看到[3]。

泰罗(F. B. Taylor)则从另一条道路走近了大陆漂移学说的领域。他在1910年第一次发表的著作中[4],认为大陆在第三纪时期的水平移位是相当重要的,其移动当和第三纪大褶皱山系的形成有关。例如,他所谈到的格陵兰从北美洲分离时所用的解释实际上就和大陆漂移学说的看法是相同的。对于大西洋,

---

① 惠兹坦因:《固体、液体及气体的流动及其在地质、天文、气候、气象学上的意义》(*Die Strömungen des Festen, Flüssigen und Gasförmigen und ihre Bedeutung für Geologie, Astronmie, Klimatologie und Meteorologie*),共406页,1880年苏黎世出版。

② 载英国《地质杂志》1907年第15卷第23—38页,又见1907年Gæa第43卷第385页,以及《苏格兰地理杂志》(*Scot. Geogr. Mag*)1907年第23卷第523—535页。

③ 为地质学者所共知的达尔文(Darwin)这个学说纯然是一种假说,遭到施瓦尔茨恰尔德(Schwarzschild)、利亚浦诺(Liapunow)、鲁兹基(Rudzki)、西伊(See)等人的反对,认为是不能成立的。我自己对于月球起源的看法则与达尔文完全不同,可以参看A.魏格纳:《月球火山口的起源》(*Die Entstehung der Mondkrater*)一书,《费威希丛书》第55集,共48页,1921年不伦瑞克出版。

④ F.B.泰罗:《第三纪山带对地壳起源的意义》(*Bearing of the Tertiary Mountain Belt in the Origin of the Earth's Plan*),1910年《美国地质学会会刊》(*Bull. Geol. Soc. Amer.*)第21卷第179—226页。

他认为其中只有一部分是由美洲陆块漂离而成的，其余部分则是沉陷的，并形成了中央大西洋底的隆起地带。泰罗和克莱希高尔一样，他们在陆地的离极漂移中看到了大山系的分布的主要原理。至于大陆的相对移位被认为只是起了次要的作用，实际上仅予以简略的论述。

前面已经说过，在我读到上述著述时，我的大陆漂移学说已经大体上形成，其他著作则知道的更晚。前人著作中某些与大陆漂移学说相类似的论点，今后被更多地发现出来，并不是不可能的。关于这个论题的文献工作我还没有着手做，且也不是本书的意图。

第 2 章

与冷缩说、陆桥说和大洋永存说的关系

地质学还没有完全摆脱掉地壳皱缩的想法。突出地倡议地壳冷缩说的有达那(Dana)、海姆(Albert Heim)和苏斯等。在地质教科书中,例如在凯塞尔(E. Kayser)[①]及科贝尔(Kober)[②]的书中,冷缩说仍然作为一个基本概念而被普遍应用。就像一个干瘪的苹果那样,由于内部水分的蒸发使表面产生了皱纹;地球也通过冷却而收缩,在它的表面形成了褶皱山脉。苏斯说得好:"我们今日正处于地球的瓦解时代"[③]。冷缩说的历史作用是不能否定的,它在一个很长的时期内为我们的地质知识提供了一个十分简要的见解。长期以来,由于冷缩说从大量的研究工作中取得了合理的成果,其基本概念的简明性及其在应用上的多样性仍然支持着它的坚固阵地。但无论如何,冷缩说和地球物理学上一切新结论直接矛盾,地质研究的方向也逐步和冷缩说背道而驰,这是毋庸置疑的事实。

用地球皱缩的理由来解释山脉的生成,原已相当困难。自

---

① E. 凯塞尔:《普通地质学教程》(*Lehrbuch der allgemeinen Geologie*)第五版,1918 年斯图加特(Stuttgart)出版。

② L. 科贝尔:《地球的构造》(*Dar Bau der Erde*),共 324 页,1921 年柏林出版。

③ E. 苏斯:《地球的起源》(*Das Antlitz der Erde*)第 1 卷第 778 页,1885 年出版。英文版第 1 卷第 604 页,1904 年出版。

从在阿尔卑斯山脉中发现了复瓦状平推褶皱式倒转褶皱以来，冷缩说的解释显得更不圆满了。贝尔特朗德（Bertrand）、沙尔德特（Schardt）、吕格翁（Lugeon）等辈的著作中关于阿尔卑斯山脉和其他许多山脉的构造的新观念，意味着只有比过去设想的要大得多的皱缩量才能解说得通。按照 A. 海姆的计算，过去设想阿尔卑斯山脉皱缩了 1/2 的距离；根据现在所公认的平推褶皱构造，就必须是皱缩到原距离的 1/4 或 1/8 了①。

若以今日阿尔卑斯山地的宽度约为 150 千米计，那它必然是从宽达 600—1200 千米（纬度 5—10°）的一段地壳缩皱拢来的；想论证地球是由于内部冷却而使其直径缩短到如此程度的任何尝试，都是一定要失败的。E. 凯塞尔指出：地球表面每缩短 1200 千米，虽不过是缩短了地球圈的 3%，其半径也约缩短 3%，变化似不算大，但若计算相应的温度变化那就非常可观了。根据镍（0. 000013）、铁（0. 000012）、方解石（0. 000015）和石英（0. 00001）四种物质的平均膨胀系数（0. 0000125）算来，单是解释第三纪褶皱，就需要降温2400℃之多。推至较古时期，当构造运动普遍发生时，就需要更大的降温数值了。可是，这和理论物理学上的计算结果是格格不入的。因为，按照克尔文（Lord Kelvin）的计算，就目前从地球内部向地表流失的微弱热量来看，过去的地球体是决不可能有如此高的温度的。当然，鲁兹基曾经指出②：克尔文的计算没有把压缩时的重力作用估计在内；因为在重力作用影响之下，地球虽然失热，但它的温度还是几乎不变的；这样就仍然产生了收缩现象。但鲁兹基却立刻接着指出：上面所引的膨胀系数可能由于地球所持有的高压而减低数值，则克尔文的计算也许仍是正确的。总之，可以认为，理论物理学在这个问题上还没有得出确切的

---

① A. 海姆：《瑞士阿尔卑斯山的构造》（*Bau der Schweizer Alpen*），《自然科学新年报》（*Neujahrsblatt d. Naturf. Ges.*）第 110 期第 24 页，1908 年苏黎世出版。

② M. P. 鲁兹基：《地球物理学》（*Physik der Erde*），第 118 页，1911 年莱比锡出版。

结论。在这方面,镭的研究倒似乎提供着更为明确的结果。镭在自然蜕变时放出大量的热。根据乔利的测定,这个元素在一切岩石中都多少存在着,分布很广,假若直至地球核心都有镭的存在[①],则从地球内部不断放射出来的热(这可以从温度随矿井深度增减的测定来计算出)可以补足地球的失热而有余。

按斯特罗特(R. Strutt)的见解,镭仅存在于地球的最外层,这种见解是否正确虽不能肯定,但无论如何,地球因放射失热而显著收缩的说法是显然过时了。我们确切知道,地球的含热量目前正在增加,这一结论是无可避免的。

退一步说,即使这样的收缩曾经发生过,我们就不得不接受A.海姆的假说,即整个大圆圈的收缩仅发生在大圆圈的某一点上,但这种说法是不能成立的。因为,在地壳内部把压力转移180弧度是不可能的。许多学者,如阿姆斐雷(Ampferer)[②]、赖耶尔(E. Reyer)[③]、鲁兹基[④]和安德雷(K. Andrée)[⑤]等都反对这种说法,并且认为地球的收缩像干瘪的苹果皱皮一样,必须作用于整个地球表面。近来,特别是科斯马特(F. Koszmat)一再着重指出:解释山脉的生成非估计到巨大的切线方向的地壳运动不可,而这一点和简单的冷缩说不相容[⑥]。由于一再碰到疑难,近来地质学上对于冷缩说的总评价是:“冷缩说早就不被完全接

---

① M. P. 鲁兹基:《地球物理学》(*Physik der Erde*),第122页。又见乌尔夫(Wolff):《火山作用》(*Der Vulkanismus*)第1卷第8页,1913年斯图加特出版。

② O. 阿姆斐雷:《褶皱山脉的运动方式》(*Über das Bewegungsbild von Faltengebirgen*),《全德地质研究所年报》(*Jahrb. d. k. k. Geol. Reichsanstalt*)第56卷第539—622页,1906年维也纳出版。

③ E. 赖耶尔:《地质学的基本问题》(*Geologische Prinzipienfragen*)第140页,1907年莱比锡出版。

④ M. P. 鲁兹基:《地球物理学》第122页。

⑤ K. 安德雷:《造山运动的条件》(*Über die Bedingungen der Gebirgsbildung*),1914年柏林出版。

⑥ F. 科斯马特:《对于魏格纳大陆漂移学说的探讨》(*Erörterunger zu A. Wegener's Theorie der Kontinentalverschiebungen*),1921年《柏林地质学会杂志》(*Zeitschr. d. Ges. f. Erdkunde zu Berlin*)第103页。

受，但是能够取而代之并足以解释一切事实的其他学说还没有找到。”[①]

但在我看来，冷缩说的不得不完全宣告破产，主要原因是在另一个问题即海洋盆地与大陆块的问题上。A. 海姆在这个问题上已经小有研究。他说：“除非对过去大陆的变动作出了确切的考察……除非我们对大多数山脉的平均收缩量有了较全面的测定，我们对于山脉和大陆间的因果关系以及大陆相互间的形状等知识就不能指望获得任何切实的进展。”[②]时至今日，海深的测量日益频繁，宽平的大洋底面以及同样平旷的大陆表面间的高程差（在 5 千米以上）日益显著，这个问题的解决也就日益迫切。E. 凯塞尔于 1918 年写道：“和体积巨大的大陆块比较起来，一切地面上的隆起只是微小的东西，即如喜马拉雅山那样高大的山脉也不过是在这个大陆块表面上的一个不高的小皱纹。由此看来，认为山脉是大陆的骨架这个旧见解，在今日已不能成立……必须反过来认为大陆是先成的，是决定性的因素，而山脉仅是从属的，是后成的。”[③]可是这些大陆岩块的生成用冷缩说是怎样解释的呢？冷缩说者认为：当地壳普遍下沉时，其中一部分由于受到拱形压力的作用，就像阶梯或地垒一样遗留在地表。但为什么受到影响的地面竟如此广大，这却没有说明。这一种静止的到处作用着的所谓拱形压力已被赫格塞尔（Hergesell）[④]在理论上驳斥过了。它和较新的日益被证实的地壳均衡说（即地壳漂浮在可塑性的底层上的说法）是绝对矛盾的。

冷缩说的另一个概念，即赖尔（C. Lyell）所主张的深海底的隆升与大陆块的沉降是不断反复变化着的这个概念，也和海陆

---

① 博斯（E. Böse）：《论地震》（自然论文集新版）[*Die Erdbeben* (*Sammlung*, *Die Natur*, *n. d.*)]第 16 页，并参看前引安德雷的批评。

② A. 海姆：《造山运动的力学研究》（*Untersuchungen über der Mechanismus der Gebirgsbildung*）第二篇第 237 页，1878 年巴塞尔（Basle）出版。

③ E. 凯塞尔：《普通地质学教程》第五版第 132 页，1918 年斯图加特出版。

④ H. 赫格塞尔：《地球的冷却和造山运动》（*Die Abkühlung der Erde und die gebirgsbildenen Kräfte*），德国《地球物理学汇报》（*Beitr. z. Geophysik*）第 2 卷第 153 页，1895 年。

永存说相矛盾。我们对永存说虽然不能完全接受,但它对冷缩说的批评却是十分正确的(详见下文)。按照一般公认的均衡说的观点,整块大陆要沉降达五千米之巨,看来实质上是不可能的。另一方面,现在大陆上的海洋沉积物除极少数的例外,都不是深海的东西,而是浅海的沉积。可见大陆从来没有陷落为深海底,不过是被陆棚上的浅海所淹没过罢了。这样看来,冷缩说已被地面上海陆事实本身所彻底驳斥倒了。

大陆漂移学说则能扫除上述一切困难。根据大陆漂移学说,褶皱山脉形成时所需要的水平收缩是可以允许的。事实上,也只有在漂移的理论上,这种皱缩才可能发生。因为假使地壳收缩了,而地球全体却不按比例地收缩,那么地壳的每一次收缩必使地面某一处产生一次断裂,而地球的最外层岩石圈也就不能被覆整个地球表面了,这是必然的结果。再者,对大陆块与大洋底的差别的存在,除此说外,实在找不到其他解释。因此,大陆漂移学说替代了冷缩说,冷缩说应被完全摈弃。

我们还要进而说明有关陆桥沉没论与大洋永存论的问题。大陆漂移学说对这两个学说的关系与对冷缩说的关系完全不同。陆桥论与大洋永存论在进行论战时各自提出的论据是正确的,而他们在相互驳斥时所用的证据也是正确的。问题在于他们各持偏见,只抓住了有利于自己一方的那些事实部分,而在另一部分事实面前就受到了驳斥。大陆漂移学说则不然,它能解释全部事实。它使争执的双方能满足其一切合理要求,从而为调和这两种相互敌对的学说铺平道路。要做到这一点,我们必须深入问题一步。

陆桥论者所持的论据是:我们今日确知远离海洋的大陆上的动植物群具有密切的亲缘关系,这个事实非假定过去存在过广大的陆地连接不可。近来这方面的资料日益增多,促使这种连接的设想日益具体。虽然有少数人还不能“从林中见木”,但多数专家对于这些重要的陆桥的存在已予以一致承认[1]。在这里，我们提一提本书第五章阐述的20个专家对一些陆桥存废的见解。首先是北美洲与欧洲之间的陆桥，这是肯定存在的(虽然有时中断)，它到了冰川时期才最后断脱。非洲与南美洲间也存在过同样的陆桥，是在白垩纪时消失的。第三座陆桥是存在于马达加斯加岛与印度之间的雷牟利亚陆桥，它是在第三纪初崩断的。最后一座陆桥是贡瓦纳(Gondwana)陆桥，它连接非洲、马达加斯加岛与印度，直达澳洲，是在侏罗纪初期分裂的。一向认为在南美洲与澳洲间必有陆桥的连接，但主张在南太平洋中建立一座陆桥的人毕竟是少数。大多数人认为这个连接是以南极洲为桥梁的。因为南极洲位于两洲间的最短距离上；并且，其间的亲缘关系也只限于耐寒的品种。

自然，他们还把今日的许多浅海都认为是过去的陆桥。陆桥论者直到现在也没有把大洋上的陆桥和浅海上的陆桥区别开来。必须着重指出的是，大陆漂移学说仅限于讨论目前深海区上的陆桥问题，并对此提出新的见解。至于对于浅海上的陆桥，诸如北美洲与西伯利亚间的白令海峡等，则原先的陆地升沉的假说还是无可非议的[2]。

---

① 阿尔特脱(Arldt)在《南大西洋的生成》(*Südatlantische Beziehungen*)一文中(载1916年《彼得曼文摘》第62卷第41—46页)说道："但今日仍有反对陆桥说的人，其中以G.普费弗尔反对尤力。他根据今日限于南半球的多种生物在北半球也找到化石这一事实，确信这些生物种曾经是分布于全球的。这个结论完全不能接受；尤其不能接受的是，进一步假定，即使北半球没有发现同种化石，只由于南半球有间断分布，就可以认为生物过去是全球分布的。即使他用北大陆及人们所说的地中海桥的通道来解释所有这些特殊分布情况，这种说法也是完全没有坚固的基础的。"即使有个别的例子的发展过程像普费弗尔所说，我们认为：南大陆间生物的亲缘关系可以用直接的陆地连接来解释，比从同一的北方地区向各方平行迁移出来的说法要简单得多，完善得多。

② 虽然迪纳尔(C. Diener)在《地球表面的大地形》(*Die Groszformen der Erdoberfläche*)一文中(载《地质学文摘》[*Mitt. d. k. k. geol. Ges. Wien*]第58卷第329—349页，1915年维也纳出版)反对我们的见解，但他的反对是基于许多误解的。这些误解大部分已经由柯本的《关于均衡说及大陆的性质》(*Über Isostasie und die Natur der Kontinente*)一文予以驳斥(该文发表于1919年德国《地理杂志》[*Geogr. Zeitschr.*]第25卷第39—48页)。C.迪纳尔说道："北美洲向欧洲推移时，它和亚洲大陆的联系必然在白令海峡破裂。"这种误解是看了墨卡托投影的世界图得来的。若是拿一个地球仪来看，误解自然冰释。这个问题实质上只是北美洲以阿拉斯加为顶点作了转动的结果。

陆桥沉没论者有一个极为有力的论据：现在相互远离的大陆，鉴于动植物群化石的相似性及其现有种的亲缘关系，它们间过去存在过宽阔的陆地相连接是无可置疑的。他们假定这些存在过的大陆桥梁后来深深沉没，成为今日的洋底。这是根据收缩说就可以说明的，并不需要进一步的论证。至于有可能另外用水平移位来解释，当然是不会被想到的。正如乌毕希(L. Ubisch)所着重指出：大陆漂移学说和现有的中间大陆沉没论一样能很好地适合这些要求，而且前者解释得更为圆满。现有大陆间相距如此遥远，即使假定昔时生物种类有可能通过中间大陆得到交换，其间动植物的亲缘关系要如此密切，也还是一个谜[①]。

至于与陆桥说相对立的海陆永存说的论据则不在生物学方面，而是在地球物理学方面。他们主要不是反对过去存在过陆地的接连这一点，只是反对有过陆桥的说法。第一个论据在前面已经提到，即在大陆上深海沉积并不普遍存在，所以大陆块看来无疑是“永存”的。有些地层，例如卡育(L. Cayeux)所证明的白垩层，原来认为是深海沉积的，现在已证实为浅水沉积物了。有极少数沉积物，例如非石灰性的阿尔卑斯放射虫泥和一些红色黏土(被当作一种红色深海黏土)还认为是在深海生成的，因为只有在深海中，海水才能作为石灰质的溶剂[②]。对于这些发现的解释当然仍在争论中。一般认为它们多数是沉积在1000—2000米深的海中。但这样深度的海洋还是属于大陆坡的范围以内。即使我们根据F.科斯马特和K.安德雷的看法，说阿尔卑斯放射虫泥的沉积深度为4000—5000米，这些海洋沉积物所占的面积是如此狭小，以致大陆块永存的基本理论仍然不会动

---

① L. V.乌毕希：《魏格纳的大陆漂移学说与动物地理学》(*Wegener's Kontinentalverschiebungstheorie und die Tiergeographie*)，1921年《维尔次堡物理学与医学学会论文集》(*Verh. d. Physik.-Med. Ges. z. Würzburg*)第1—13页。

② 对于可能是深海沉积物的详细论述，可参考达斯克(E. Dacque)：《古地理学的理论基础与方法》(*Grundlage und Methoden der Paläogeographie*)第215页，1915年耶拿(Jena)出版。

摇。今日的大陆块，除了极少的例外，在地球历史上从来没有成为洋底；它们像现在一样，一直是大陆台地。C. 赖尔所谓的反复升降，看来不过是永存的大陆台地曾交替地被浅水淹覆而已。

这样一来，就很难设想在目前海洋上曾经建立过桥形大陆了。如果一处陆地的再隆升没有为他处海洋的再下沉等量地补偿，那么面积大为减小的洋盆将不可能有足够的空间来容纳海洋内的全部海水。原先的大陆桥的再度隆升，就必将使海水面升高到如此高度：使所有的大陆，包括新的和旧的在内，除高山以外都将被淹没。换句话说，主张各大陆间有陆桥相连的陆桥说，并不能达到预期的目的。为了克服这种困难，正如维理士(B. Willis)和彭克(Penck)曾着重指出过的，我们必须假定地球上的海水在陆桥沉没时曾经有过成比例的增加，此外就没有别的办法。但这当然是不大可能的，到目前为止，也没有人认真提出过、拥护过这种说法。较为可能的假定，则是海水量基本上没有增减，所以在整个地质时期中，大陆块大部分是露出水面的。这就使我们不得不得出全部海洋区基本上是永存的结论了。这就是说，如果大陆的位置不变(我们认为这是显然的)，则地球表面上的各大洋也就是永存的现象了。

永存论者是以地壳均衡的地球物理事实，即以地壳均衡说为基础的。按均衡说，较轻的地壳表层是漂浮在较重的下层岩浆之上的。就像漂在水里的一块木头一样，上面加了重物，在水里就沉得更深。所以按照阿基米德原理，这最上层岩壳的加厚地区会更多地深沉在密重的岩浆中。比如，在大陆冰川时期即产生过这种现象。大陆在冰块的重压下下沉时形成的海岸线，在冰块消融后会再度上升。祁尔(de Geer)在上升海岸区所绘的等升线表明：斯堪的纳维亚的中部曾经在最后一次冰期中至少下沉了 250 米[①]，在离冰川中心部分较远处，下沉的幅度相应

① G. de 祁尔：《关于冰期以后的斯堪的纳维亚的地理演化》(*Om Skandinaviens geografiska Utvekling efter Istiden*)，1896 年斯德哥尔摩出版。

减小些，而估计在最大冰期中下沉的幅度还要大些。祁尔在北美洲的冰川区也发现了同样的现象。M. P. 鲁兹基根据均衡说曾计算出大陆冰川的恰当厚度，在斯堪的纳维亚为 930 米，在北美洲为 1670 米，而北美洲的沉降幅度达 500 米[①]。由于地壳下部的岩浆层不像水那样易于流动，而是极其黏性的，所有这类补偿性的地壳均衡运动必然大大落后，所以海岸线一般总是形成在冰川虽已消融但陆地尚未上升之时。事实上，斯堪的纳维亚目前还在上升中，如水准测量所示，速度为每 100 年上升 1 米。正如费希尔（Osmond Fisher）所首先看到的，沉积层的堆积也能导致陆块的下沉。沉积加厚时陆块缓缓下沉，而继续进行新的沉积，地面高度则几乎保持不变。这样一来，虽在浅水之中，厚达数千米的沉积层还是可以生成的。

普拉特（Pratt）认为重力测量是地壳均衡说的物理基础（“均衡”一词是由杜顿〔Dutton〕于 1892 年所创）。1855 年，普拉特已经证实喜马拉雅山并不对铅垂线测验发生预期的作用[②]。他由此推论巨大山系的重力并不产生预期的偏差值（这一点已被公认）。看来，巨大的山块似为其地下部分的某种物质不足所抵偿。艾里（G. Airy）、法埃（Faye）和黑尔茂特（F. R. Helmert）等人的论述中都曾指出过这一点。最近，F. 科斯马特在一篇极为简洁的论文中也论证到这点[③]。海洋上则不然，虽然由于大洋盆地的凹陷，质量显然减小，其重力值一般是正常的。早些时候对于岛屿的重力测量值却有一些不同的说法。但赫克尔（O. Hecker）自在船上测量重力的方法成功以后（他接受莫恩〔Mohn〕的建议，不用钟摆，因为在船上不能用钟摆，而用了同时测读水银气压表和沸点温度表

① M. P. 鲁兹基：《地球物理学》，第 229 页，1911 年莱比锡出版。

② 在离喜马拉雅山脚 50 英里的恒河平原上的卡利亚纳（Kaliana）地方，铅垂线的向北偏差仅为 1 秒，而山体的引力应该产生 58 秒的偏向。同样，在贾尔派古里（Jalpaiguri）地方也只有 1 秒，而不是应有的 77 秒（根据科斯马特的测定）。

③ F. 科斯马特：《重力异常与地壳结构的关系》（*Die Beziehungen zwischen Schwereanomalien und Bau der Erdrinde*），载 1921 年德国《地质杂志》第 12 卷第 165—189 页。

的方法),曾在大西洋、印度洋及太平洋上几次航行中进行此种测量,获得了确定的结果。大洋盆地的物质不足必然被其底下的物质过剩所补偿。这种情形恰与山脉相反。这种地壳下层的物质过剩与物质不足的情况究竟应如何解释,随着时代的进展而产生了各种不同的推测。普拉特设想地壳原为一种到处厚度相同的犹如面团一样的东西,膨胀处为大陆,压缩处为海洋。海福特(F. J. Hayford)和黑尔茂特进一步发展了这个设想,并且一般地用来说明重力观测的结果。

近来却有另一见解,这个见解早已于1859年为艾里所发表,其后主要因施韦达尔(W. Schweydar)的研究而著名[①]。此说认为大陆是较轻的陆块,它漂浮在较重的深处物质上。A. 海姆早就认为这个较轻的地壳在山脉下面是加厚的,并把重岩浆挤到更深的地方(参照第3图)。与此相反,在海洋下面这层地壳一定非常之薄(按大陆漂移学说,在这里这层地壳是不存在的)。均衡说的最新发展主要是它的应用范围问题。对于大块陆地来说,例如整个大洲或整个大洋底部,均衡现象的存在是没有问题的。但是在小范围内,例如个别的山区,这个学说就不适用了。这样小的陆块好像浮在冰块上的石头一样,石头可以被冰块的弹性支持着,均衡力只是作用于冰块和石头之间。同理,凡直径达千百千米的有山的大洲,很少有违反均衡作用的情况;如果陆块的直径只有数十千米,那么至多只有局部的补偿作用;如果陆块直径小至数千米,补偿作用也就几乎不存在了。

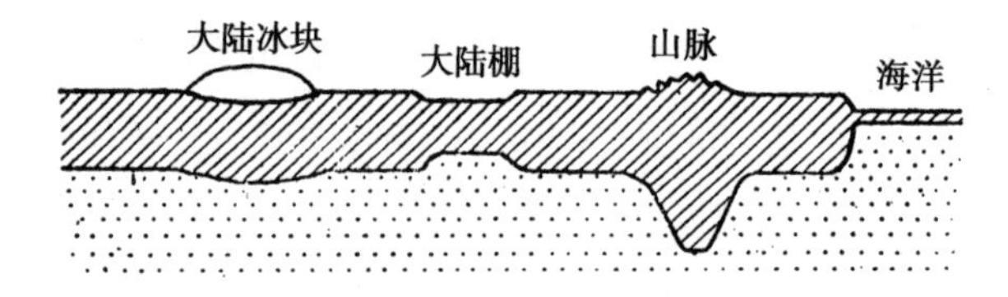

第3图　根据地壳均衡说作的岩圈剖面图

---

① W. 施韦达尔:《对魏格纳大陆漂移学说的探讨》(*Bemerkungen zu Wegener's Hypothese der Verschiebung der Kontinente*),1921年《柏林地学会杂志》第120—125页。

这个均衡学说，即地壳漂浮说，已经从各种实测特别是重力测量方面得到如此充分的肯定，以致今日已可作为地球物理学上最有力的基本概念了。

按照这个学说看来，一个海洋区不可能整个上升出海面，一个未经载重的大陆也不可能沉没为深海。微小的升降高达数百米，即其幅度足以形成大陆棚的升露与淹没，是完全可能的。例如在地极移动时，由于地球在适应旋转的新椭球体时有所落后，就可能会产生这些微小的升降。但假如认为这种升降变化和大洲沉没为深海的变化只是程度上的不同，那就错了。因为大洲沉没为深海，将意味着地壳上层频率最大值转移到地壳下层，这是不可能的。同时也找不到什么物理上的原因能解释大洋底部为什么如此平坦，并缺少一个中间层的事实（参考本书第三章）。由此看来，永存论的支持者反对陆桥沉没论是有他们的充分理由的。

但是，永存论者却从大陆自古迄今一直未曾变动的假定出发，所以在正确的前提下得出了错误的结论。他们说："大洋盆地是地面上的永存现象，自从贮水以来，它们的轮廓虽少有变化，但它们的位置却今昔无异。"[①]当我们把大陆的水平移动加以考虑时，对永存论就只能同意其中的一点，即大陆面积与大洋底的总面积是大致确定不变的（除了大陆的面积在不同时期中稍有伸缩外）。前面所引的永存论的所有论据也只有这一点是真实可靠的。

我们必须这样完全拒绝冷缩说，而对于陆桥说与永存论，我们则只需将它们的论据化为理应得出的结论，以便通过大陆漂

---

① B. 维理士：《古地理学原理》（*Principles of Palaeogeography*）一文，载 1910 年英国《科学》（*Science*）杂志第 31 卷第 790 号第 241—260 页。这当然是一个武断的说法。其他作者，例如索格尔（Sörgel），他在《大西洋裂隙和对魏格纳大陆漂移说的评注》（*Die Atlantische 'Spalte', Kritische Bemerkungen zu A. Wegener's Theorie von der Kontinentalverschiebung*）一文中（载 1916 年《德国地质学会月刊》〔*Monatsber. d. deutsch. Geol. Ges.*〕第 68 卷第 200—239 页）提出一种折中的说法，允许这些桥形的陆地可以缩小为大洋盆地边缘的陆桥。但这种妥协并不成功。因为这样一来，不但解释生物亲缘关系更为困难，而且在物理学上的根据也不充分。

移学说来协调这两种如此对立的理论。大陆漂移学说的说法是：陆地的连接是有过的，但不是后来沉没的陆桥，而是大陆间的直接连合；永存的不是个别的海和陆，而是整个的海陆面积。

在以下各章中，我们将尽力提出重要论据，来阐明大陆漂移学说的正确性。

第二篇

证　明

· Ⅱ. *Demonstration* ·

地球物理学的论证——地质学的论证——古生物学和生物学的论证——古气候学的论证——大地测量学的论证

第 3 章

地球物理学的论证

地表高程的统计，得出了一个引人注目的结果，即地球表面存在着两个最大频率的高程，而这两者之间的其他高程则很有

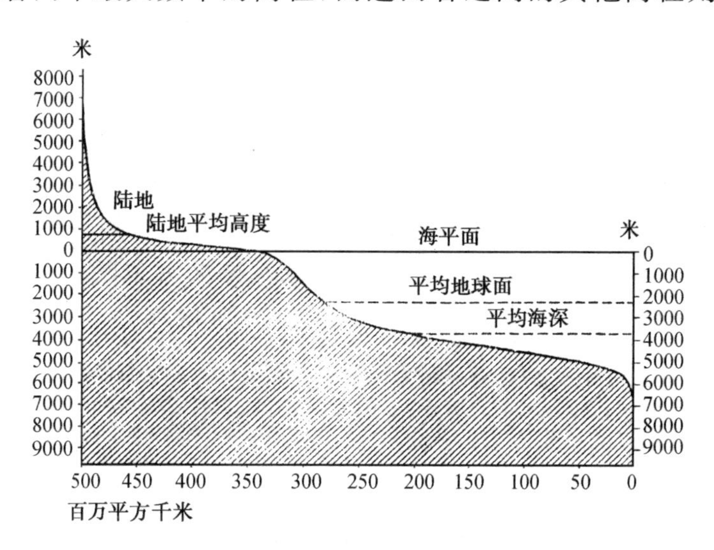

第 4 图　地球表面的等高曲线(克留梅尔)

◀犬领兽复原图。

限。上面一个高程相当于大陆基台，下面一个高程为深海底。如果把地球表面按平方千米分割，并按其海拔高度系统排列起来，我们就会得出众所周知的所谓等高曲线图（第 4 图）。这个图十分清楚地表示出了这两级高程。根据瓦格纳的最新计算[①]，各级高程的频率可按数字排列如下：

	海面以下的深度							海面以上的高度			
千　米	6	5—6	4—5	3—4	2—3	1—2	0—1	0—1	1—2	2—3	3 以上
百分数	1.0	16.5	23.3	13.9	4.7	2.9	8.5	21.3	4.7	2.0	1.2

用另一个较旧的方法，即用特拉贝尔特的曲线表（第 5 图），则这个系列表现得更为明显[②]。他以 100 米为分级单位，故其频率百分比仅为上表的 1/10。根据第 5 图所示，两个最大频率高程分别位于海面下 4700 米和海面上 100 米处。

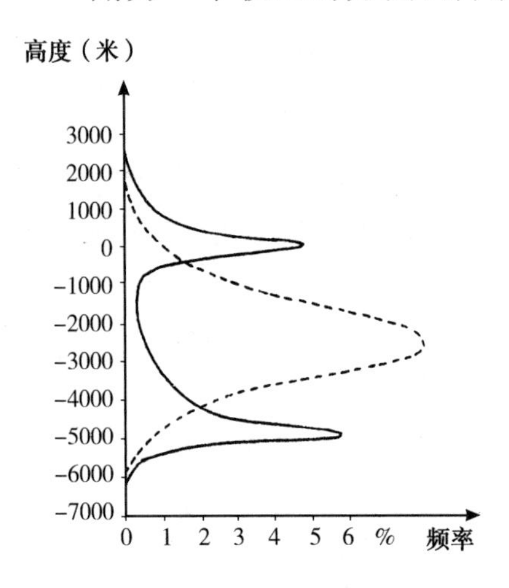

第 5 图　两个频率最大的高程

这些数字引起人们注意到一个事实，即深海测量的新材料愈多，表示出从大陆棚向深海倾斜的坡度愈陡。拿一幅旧海深图和格罗尔（Groll）的最新海洋图[③]比较一下，就更为突出。例如，在 1911 年特拉贝尔特计算出海深 1000—2000 米的高程所占面积为 4%，2000—3000

① 瓦格纳（H. Wagner）：《地理学教科书》（*Lehrb. d. Geographie*），第一卷"普通地理学"，第二篇"自然地理"，第 231 页，1922 年汉诺威（Hanover）出版。所用数字参考了科辛纳（Kossinna）的最新深海测量（见《世界海洋的深度》〔*Die Tiefe des Weltmeeres*〕一文，载《海洋研究所汇刊》［*Veröff. d. Inst. f. Meereskunde, N. F. A.*］第 9 集，1921 年柏林出版）。所用图表则采用较旧的克留梅尔（O. Krümmel）与特拉贝尔特（Trabert）的计算。二者数值基本相同。

② 特拉贝尔特：《宇宙物理学教本》（*Lehrb. d. kosmischen Physik*）第 227 页，1911 年莱比锡与柏林出版。

③ 格罗尔：《海洋深度图》（*Tiefenkarten der Ozeane*），载《海洋研究所汇刊》第 2 集，1912 年柏林出版。

米的高程占6.5%。瓦格纳根据格罗尔的图得出的数字则分别为2.9%(1000—2000米高程级)和4.7%(2000—3000米高程级)。这样看来,将来新材料增加后,会看到最大频率的两个高程级比目前有更大的分异。

在整个地球物理学中,我们再也找不出比这更为明显而正确的规律,这就是地球上存在着两个交替并列的特殊的高度平面;一个代表着大陆,一个代表着洋底。这个已为人们所熟知了至少50年的规律,竟没有人曾经试图去解释,这实在是非常令人惊异的。只有索格尔在他和大陆漂移学说的争论中,试图以升降作用进行过解释,而这个解释却是立足在错误的观点上的。W.索格尔认为:只要有一个平衡存在,只要有一定的物理原因,其升降变化就可能产生两个不同的最大频率面[①]。其实不然,这种频率应当只受高斯(Gauss)的误差律所控制,其过程大致如第5图上的虚线所示,距平衡面愈远,其频率必然愈小。因此,只应该有一个最大频率存在于平均高度(—2450米)的范围内。但我们看到的最大频率值不是一个,而是两个。这两个值都具有和误差律一样的过程曲线。这样,我们就不得不得出结论:地球外壳存在着两个未经变化的原始平衡面,且必定是由于地壳存在着两个不同的层——大陆和洋底所致。夸张些说,它们就像水和水上的冰块一样。对于这样一个简单的推论,我们竟花费了那样漫长的时间才认识到,后代的人一定会感到奇怪的。第6图是根据这个新观点表示一个大陆边缘的垂直剖面图解。

这里必须小心,不要把这个新观点中关于洋底的性质夸大了。当我们把大陆与桌状冰山作对比时,一定会想到在冰山之间的海面上可能再有新的冰块漂来,并且冰山的小碎块会从冰山的上缘脱落离开,或从冰山的深沉基部从水中浮升出来,它们仍然会漂浮在海水表面上。同样的情况也会发生在洋底的许多

① W.索格尔:《大西洋裂隙和对魏格纳大陆漂移说的评注》,载1916年《德国地质学会月刊》第68卷,第200—239页。

地方。据重力测量所示，岛屿往往是大陆的较大碎块，其基部深沉洋底以下50000—70000米。它们可以和非桌状的冰山相比拟。

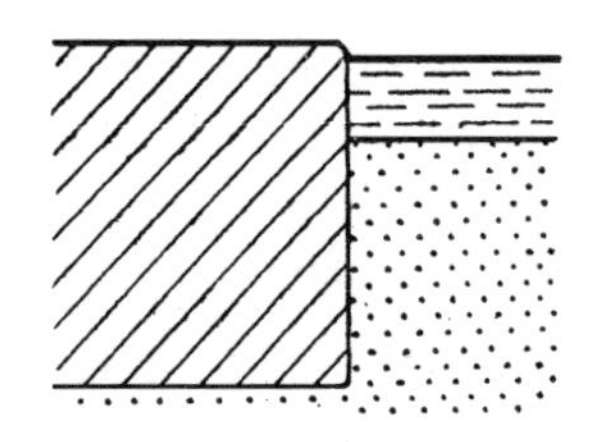

第6图　大陆边缘的图解剖面(A)

虽然，两个最大频率值的论据足以充分证明第6图所示的见解，但是也许还有人要问：这一见解是否与地球物理学上的其他研究成果相符合呢？

显然，海洋重力测量的结果也和上述的最大频率高程一样，是和我们的学说符合的。根据重力测定，可知洋底的最外层岩层是较薄的，虽然不是完全缺失。这说明洋底下面的岩石要比陆地下面的岩石重。这个问题自不需再多说。

在地磁的研究方面，引起著者注意的是尼波耳德特(A. Nippoldt)的观点。他认为大洋底很可能是由比大陆含铁更多、磁性更强的物质组成的。这个见解在对于亨利·威尔特(Henry wilde)的地球磁体模型的讨论[①]中，受到重视。威尔特在模型的海洋部分上盖上铁板，以期望求得相当于地磁的磁力分布。鲁克尔(A. W. Rücker)描述其事如下："威尔特先生设计了一个很好的地球磁体模型，它既有能表示地球整体磁力的第一磁场的装置，又用受感应而磁化的铁片放在模型表面的海洋部分来表示第二磁场的作用……威尔特先生特别着重把铁片覆盖在海洋上。"[②]拉克洛特(Raclot)最近也肯定认为威尔特的实验确能很好地表示地磁分布的一般情况[③]。可是，直到现在，我们还不能从地磁的观测来计算出大陆与海洋的差别，这显然是这种差别被另一种成因不明的更大的扰动所超过了的缘故。这

① 《皇家学会会报》(Proc. Roy. Soc.)，1890年6月19日和1891年1月22日。

② A. W. 鲁克尔：《地球的第二磁场》(*The Secondary Magnetic Field of the Earth*)，载《地磁与大气电学杂志》(*Terrestrial Magnetism and Atmospheric Electricity*)第4卷第113—129页，1899年3—12月。

③ 同上杂志，第164卷第150页，1917年。

个扰动和大陆的分布不发生关系，并且从它的周年变化的极不稳定性看来，显然也不可能有任何关系。但无论如何，根据专家施米特(A. Schmidt)的看法，地磁研究的成果与大洋底是由含铁更多的岩石所组成的说法决没有什么相抵触的地方，虽然施米特对威尔特的实验的可靠性还有所保留。一般都认为，地球硅铝层内的含铁量随着深度的增加而增多，并且认为地球内部主要是由铁所组成的。那么，我们这里所指的含铁量较少的岩层当然为地壳深处的岩层。通常，磁性遇赤热温度而消失。按一般地温增加率①，这种赤热温度在地下 15000—20000 米处即可达到。这样，大洋底的强磁性必然发生在最上层。这一点和我们所说的大洋底完全没有弱磁性物质的假定看来是极为一致的。

从地震学的研究上，我们的学说也站得住。塔姆斯(E. Tams)曾经把通过大陆的地震表面波的传播速度和通过大洋底的速度作过对比②，得出了下列的数值：

1. 大洋底

地　　震	年　月　日	速度(千米/秒)	次　数
加利福尼亚	1906 年 4 月 18 日	3.847±0.045	9
哥伦比亚	1906 年 1 月 31 日	3.806±0.046	18
洪都拉斯	1907 年 7 月 1 日	3.941±0.022	20
尼加拉瓜	1907 年 12 月 30 日	3.916±0.029	22
2. 大陆			
加利福尼亚	1906 年 4 月 18 日	3.770±0.104	5
菲律宾群岛(I)	1907 年 4 月 18 日	3.765±0.045	30
菲律宾群岛(II)	1907 年 4 月 18 日	3.768±0.054	27
布哈拉(Buchara)(I)	1907 年 10 月 21 日	3.837±0.065	19
布哈拉(II)	1907 年 10 月 27 日	3.760±0.069	11

① 根据弗里德兰德(J. Friedlaender)《地球物理学论丛》(*Beitr. z. Geophys*)。(见 1912 年《专著文摘》〔*Kl. Mitt.*〕第 11 卷第 85—94 页)的说法，深处火成岩的导热率一般认为是较小的(熔岩的地温梯度为 17 米)，所以地磁层的厚度仅达 8000—9000 米。

② E. 塔姆斯：《通过大陆及海洋的地震表面波长的传播衰减率》(*Über die Fortpflanzungsgeschwindigkeit der seismischen Oberflächenwellen längs kontinentaler und ozeanischer Wege*)，载 1921 年《矿物岩石及古生物学中央汇刊》(*Centralbl. f. Min. Geol. u. Paläont.*)第 44—52 页及第 75—83 页。

从上表可知，即使个别的数值有时雷同，但平均来说，则可以看出其间存在着颇大的差异：通过大洋底传播的速度大约比通过大陆的速度要大 0.1 千米/秒。这和根据火山熔岩的物理性质而在理论上推算出来的预期数值相符。

另一方面，E. 塔姆斯还尽量收集许多地震观测资料，从 38 次太平洋地震速度值中得到平均值为 3.897±0.028 千米/秒，从 45 次欧亚大陆或美洲的地震速度值中得出平均值为 3.801±0.029千米/秒。这和上述数值几乎完全一样。

安根哈伊斯特(G. Angenheister)[①]近来也曾研究过大洋盆地与大陆块间的震速差异。他利用了一系列的太平洋地震资料，同时试图把两种表面波区别开来(塔姆斯没有加以区别)。虽然他所根据的资料不多，却得出了较大的数字："主波的速度在太平洋底比在亚洲大陆底要大 21%—26%……前波 P 与后波 S 的传播时间[②]在太平洋底(当焦距为 6°时)分别比在欧洲大陆底要小 13 及 25 秒。这就等于说，在大洋底 S 波的速度要比大陆大 18%……前波的衰减率在太平洋底比在亚洲大陆底为大……尾波周期在太平洋底也比在亚洲大陆底为大……"所有这些差异都证实我们的学说的正确性，即大洋底是由另一种较重的物质所组成的。应该着重指出的是：我们在这里所述及的主要是表面波，因此，这些资料当可作为大洋底完全缺失较轻的最外层岩层的正面证据。

人们自然会问：我们是否有可能直接从大洋底取出这种岩石的标本呢？想用拖网或其他工具把洋底的岩石标本取出海面，在一个长时期内看来还是不可能的。但虽然如此，有一件事

---

① G.安根哈伊斯特：《太平洋地震的观测》(*Beobachtungen an pazifischen Beben*)，载 1921 年《哥丁根科学协会汇刊，数学物理专号》(*Nachr. d. kg. Ges. d. Wiss. z. Göttingen, Math-Phys.*)第 113—146 页。本书前一版提到根据奥莫里(Omori)的研究，出现过更大的地震差。这是由于奥莫里对于震波的性质有所误解所致。故兹删去不录。

② P 和 S 是指地震图上的第一和第二初期震动，分别由通过地球内部而传播的纵向与横向弹性振动所形成。

是值得注意的，即按克留梅尔的研究①，用挖泥机取出的标本大部分为火成岩。“主要是浮石……还有玻璃长石、斜长石、角闪石、磁石、火山玻璃以及由火山玻璃分解而成的橙玄玻璃，也发现一些火山熔岩、辉石、安山岩等碎片。”火山岩是以比重较大及含铁成分较大为其特征的，并且一般都认为是出于地壳较深处。苏斯称这些基性岩群（其中主要为玄武岩）为硅镁层，这个词是Sima，以硅和镁的字母代号拼成的，以区别于酸性岩群的硅铝层（Sal）；硅铝层的主要代表为片麻岩与花岗岩，组成了大陆的基础②。著者在和G. 普费弗尔作了一次简短的通信后，拟把Sal改写为Sial，以免与拉丁语的盐（Sal）字混淆。从上所述，读者自将得出结论：硅镁层岩群（如在硅铝质大陆块中的喷出岩）原来是位于大陆块下面的，同时组成了大洋底。玄武岩具有一切大洋底构成物质所要求的性质。尤其是它的比重，是与用其他方法计算出来的大陆块的厚度相协调的。

但在这件事上，举述一些更确切的数字出来是有好处的。F. J. 海福特和F. R. 黑尔茂特曾经用不同的方法计算过大陆块的厚度。F. J. 海福特从美国100多处的铅垂线偏差值算出了所谓“均衡面的深度”（即均压面的深度）为114千米，它等同于大陆块底边的深度。F. P. 黑尔茂特根据沿海51个岸站的摆的重力测量得出大致相同的数字，为120千米。这种用不同的方法得出的厚度数字如此接近，当然足以提高数值的正确性。但我们却不能认为大陆块到处都具有这个同一的厚度③，因为这将和均衡说相矛盾。这个厚度在大陆棚下估计要小得多，而在高原

---

① O. 克留梅尔：《海洋地理学手册》（*Handb. d. Ozeanographie*）第1卷第193、197页，1907年斯图加特出版。

② 这种分法渊源于罗伯特·本生（Robert Runsen），他把非沉积岩分为基性与酸性两种，苏斯则创造性地运用了这两个更为适用的名词。

③ 这些计算是以普拉特的假说为根据的。W. 施韦达尔在一个较早的报告中，曾根据艾里的假说计算出陆块的厚度为200千米，相应的硅铝质与硅镁质的比重差仅为0.034（见其《对魏格纳大陆漂移学说的探讨》一文，载1921年《柏林地学会杂志》第121页）。

区，例如青藏高原，估计要大得多[①]，即大致变动在 50000—300000 米之间。

硅铝块的厚度(M)即已知为 100 千米，即高出大洋底4.8千米，沉陷到硅镁层中的厚度为 95.2 千米(如第 7 图所示)，我们就可以容易地计算出硅铝质与硅镁质的比重了。均衡的压力存在于大陆块的底面上；这就是说，一个从底部直达表面都具有相同截面面积的柱体，不论其为陆块与洋底，其重量总是相等。如果我们以 x 代表硅铝层的比重，以 y 代表硅镁层的比重，并把海水的比重(1.03)也估计在内，则得出下列方程式：

$$100x = 95.2y + 4.7 \times 1.03$$

$$x = 0.952y + 0.048$$

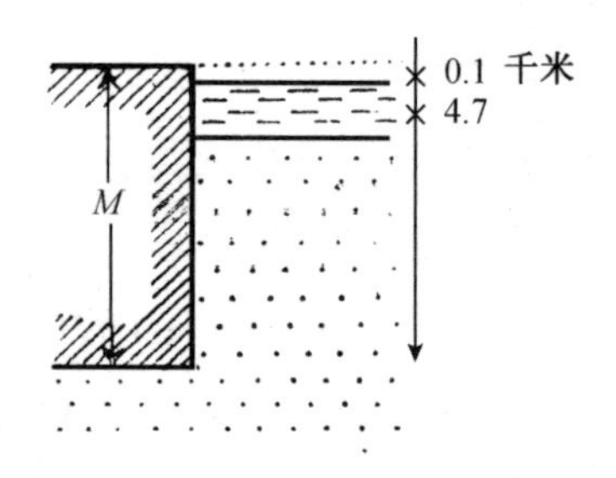

第 7 图　大陆边缘的图解剖面(B)

由于硅镁质岩石如玄武岩、辉绿岩、暗玢岩、辉长岩、橄榄岩、安山岩、玢岩、闪长岩等一般比重为3.0(很少高至 3.3)，若 $y=3.0$，则 $x=2.9$。怀特曼·克罗斯(Whitman Cross)与吉尔伯特(G. K. Gilbert)计算了 12 种标本的平均值，得到片麻岩的比重为2.615，其他观测得出的数字均在2.5—2.7之间。因为硅铝层与硅镁层中岩石的比重是随深度而增加的，而玄武岩位于地壳较深处，片麻岩则位于地壳表层，所以这种微小的差异是容易理解的。当然这一点还没有在数学上得到证明，因为我们还不知道比重随深度而增加的程度。我们只知道：从地震学上的研

① 海顿(H. H. Hayden)计算出喜马拉雅山的均衡面深度为 330 千米，而在低地则为 114 千米。但也有人不同意这个计算。

究，厚约1500千米的地球硅铝壳，其整体的平均比重为3.4。不管怎样，这个数值是和我们的假说相一致的[①]。

最后，我们还必须谈一谈大洋底的平坦性质，这也可以加强我们设想的正确性。人们早就知道，大洋底部在极大范围内很少有高低起伏，这对于铺设海底电线颇有实际的重要意义。例如，在铺设中途岛与关岛之间 1540 千米的海底电线时，在 100 处的深度测量中，最深（6277 米）与最浅（5510 米）之差不过是 767 米。在长达 10 地理英里[②]的一段上，14 处测深平均为5938米，其最深与最浅之差仅为＋36 米和－38 米[③]。

诚然，大洋底的平坦性原理近年多少有些被保留，因为深海测量网的建立已如此普遍，几乎不允许下这样一个结论了。我们在陆地上如果只进行少数分散点的高度测量，也是会得出陆地是平坦的错误印象的。但一时所产生的对于洋底平坦性的过分怀疑，已为多数学者（如克留梅尔等）所消除。现在认为，除了深海沟以外，大陆与深海存在着根本的差异，虽然由于水下重力减失，海底的斜坡可能比陆上的斜坡要陡得多。在这里，大洋底的较大平坦性是其较大可塑性和较大流动性的表现。

大洋底的平坦性的另一推论是海底缺乏褶皱山脉。在大陆块上有纵横、新老的褶皱山脉，但是虽然在广大的深海底上作过多次测量，我们却都还不知道那里有哪怕一条可以称之为山脉的隆起物。当然，有些人会把大西洋中间底部的隆起以及在爪

① 下列的表可以进一步解释硅铝壳的沉降与比重的关系。表中列举在比重为3.0的硅镁层中的硅铝块的厚度。若把硅镁层与硅铝层的比重同时减少0.1，则表列数字仅减小5％。

在比重为 3.0 的硅镁层中的硅铝块厚度表

硅铝层的比重		2.6	2.7	2.8	2.9	2.95
硅铝层表面的海拔高度	100 米	24	32	48	96	192 千米
	4000 米	53	71	106	213	430 千米

② 每地理哩（地理英里）为赤道处经度一分的长度，约 2000 码。一说合今 7420 米。——编者

③ O. 克留梅尔：《海洋地理学手册》第 1 卷第 91 页，1907 年斯图加特出版。

哇岛前方位于两个海沟之间的脊梁看作是相当于褶皱山脉的东西，但很少人附和这种看法。我们这里可以满意地引用安德雷的评论[①]。但为什么大洋底没有褶皱山脉呢？压缩力不是也作用于硅镁层么？如果考虑到均衡作用与造山运动的关系，那么答案是明确的。造山运动是在保持均衡作用下的褶皱。由于大陆块的绝大部分（厚 100 千米）是沉没在硅镁层中，所以大陆块由褶皱而加厚；它大部分是向下方膨胀的，只有极小部分的褶皱隆起在上面。对这个问题，我们在第十一章中还要再加论述。既然大陆块受压缩时大部分尚且向下，那么硅镁层中的压缩无论如何也不会产生隆起。这时，物质就挤到下面或旁边去了，就像两个靠拢着的冰块之间的水一样。虽然，A. 彭克说过："在漂移着的大陆前方的硅镁层中没有褶皱这一事实恰恰是魏格纳关于地球的成分与大陆的移动的观念的决定性反证"[②]，但是，A. 彭克的这种反驳是站不住的。与此相反，大洋底部不存在这种隆起的褶皱山脉这一事实，正是对我们假定的硅镁层的性质的肯定。我们说，这些物质当然是褶皱过的。如果这些物质是由硅铝层所组成的，那么至少有褶皱的一部分向上褶曲而隆起。这种情况我们会在第九章的论述中弄得更明白。

本章内所举对于大洋底的性质的论据是以非常清楚而有力的语言说出来的。因此，直到现在，我们的学说在这一方面不致遭受任何方面的反击，而这些见解也已被大部分地球物理学者所接受。

---

① K. 安德雷：《造山运动的条件》第 86 页等处，1914 年柏林出版。

② A. 彭克：《魏格纳的大陆漂移学说》（*Wegeners Hypothese der Kontinentalen Verschiebungen*），1921 年《柏林地学会杂志》第 110—120 页。

第 4 章

地质学的论证

大西洋是一个非常宽阔的裂隙，其两岸边缘过去曾直接连合。这个设想通过两侧地质构造的比较而经受住了严格的检验。因为在分离以前，大陆上的褶皱山脉与其他构造应是相互连续的，所以在大西洋两侧的构造末端必然会位于同一位置，相互并合时就可以直接连续起来。由于大陆边缘轮廓鲜明，这种并合是很刻板的，没有任何迁就的余地。所以这个独特的指标在检验大陆漂移学说的正确性上具有最大的价值。

大西洋裂隙最宽处是在其分裂最早的南部。这里的宽度达6220 千米，在圣罗克角与喀麦隆之间为 4880 千米，在纽芬兰浅滩与不列颠陆棚之间为 2410 千米，在斯科兹比湾（Scoresby Sound）与哈默菲斯特（Hammerfest）之间只有 1300 千米，而在东北格陵兰与斯匹次卑尔根岛之间仅宽 200 千米—300 千米。这个最后部分的分裂看来是在最近发生的。

让我们从南部比较起。在非洲最南端有一条属二叠纪褶皱的东西走向的山脉（次瓦尔特山〔Zwarte Berge〕）。若把大陆合并，则此山应西延及于布宜诺斯艾利斯以南的地区，而在地图上这里没有什么显著的地形。但令人感兴趣的是，开台尔(H. Keidel)[①]却在这里发现了处于一条低山中的古老褶皱，特别是在此山的南部，褶皱更为强烈。从它的构造、岩石的层次与含有的化石看来，它不仅和圣胡安(San Juan)与门多萨(Mendoza)省西北部靠近安第斯褶皱山脚的前科迪勒拉山系(Pre-Cordillera Mts)完全相似，也和南非洲的开普山脉(Cape Mountain)一模一样。H. 开台尔说道："在布宜诺斯艾利斯省的山地中，特别是山地的南部，我们发现了和南非开普山脉极为相似的岩层，其中最为一致的至少有三层，即后期泥盆纪海相沉积的下砂岩层、含有化石的页岩层(分布最广)和上古生代的冰川砾岩层(较新而具有显著特征)。泥盆纪海相沉积和冰川砾岩层跟开普山脉一样均被强烈地褶皱着，两处都向北方移动……"由此可以证实这里存在着一条很长的古老褶皱，它横断非洲南部，行经南美洲布宜诺斯艾利斯省的南方，然后北折，与安第斯山脉连接。这条褶皱山脉的断裂部分现在却被深达6000米以上的平整的洋底所隔离了。若把两处毫不移挪地拼凑拢来，它们恰好接合；而从圣罗克角到布宜诺斯艾利斯山地的距离和从喀麦隆到开普山脉的距离也恰恰相等[②]。并合的确切证据是如此显著，就像把一张名片撕裂成两半然后再并拢来一样。在拼合中只有细微的参差，即当锡德山脉(Cedar Berge)伸达海岸时，有离南非走向稍稍偏北的倾向。这支伸延不远即行湮没的偏北支脉是一支局部

① H. 开台尔：《阿根廷山地内移位构造的年代、分布及其作用方向》(*Über das Alter, die Verbreitung und die gegenseitigen Beziehungen der. verschiedenen tektonischen Strukturen in der argentinischen Gebirgen*)，载《第十二届国际地质学会汇刊》。参见另一详述论文，题为《布宜诺斯艾利斯省山地的地质及其与南非山地的关系》(*La Geología de las Sierras de la Provincia de Buenos Aires y sus Relaciones con las Monta†as de Sud Africa y los Andes*)，载《阿根廷农业部双月刊——地质矿物专号》(*Annales del Ministerio de Agricultura de la Nación, Sección Geología, Mineralogía y Minería*)第11卷第3号，1916年布宜诺斯艾利斯出版。

② 若按照反对论者的做法，从圣罗克角和喀麦隆的1000米等深线处量起，距离当然就不相等了。在这些等深线上，两大陆并不完全吻合。但是在下文中我们要指出：两大陆的原始轮廓在大陆缘的上部保存较好，在大陆缘的下部却向横侧流塌。因此，接合处照例应放在向深海倾斜的陡坡的上缘才对。

的偏折，很可能是由于以后裂隙发生的间断所产生的。在欧洲褶皱山系的石炭纪和第三纪地层中，可以看到更大规模上的这样的支脉，但这些并不妨碍我们把它们连成一系，并把它们归于同一成因。再说，如果非洲的褶皱后来曾有继续（据新近的研究证实确是如此），它们在时代上也不会有所差异。正如H.开台尔所说："在布宜诺斯艾利斯南部的山地中，最新的冰碛砾岩是褶皱了的，在开普山脉中位于贡瓦纳系（卡鲁〔Karroo〕层）底部的埃加（Ecca）层也有活动过的迹象……因此，两处的主要运动可能是发生在二叠纪与下石炭纪之间。"

除布宜诺斯艾利斯的低山是开普山脉的延续这一见解的正确性已被证实外，在大西洋两岸还有其他许多例证。在很长时期内未经褶皱的巨大非洲片麻岩高原和巴西的片麻岩高原十分相似。这种相似并不限于在一般特征方面，而是并表现为海洋两边的火成岩与沉积物以及古代褶皱方向的完全一致。

白劳威尔（H. A. Brouwer）最先对两边的火成岩进行了粗略的比较[①]。他发现至少有五种岩石是相同的。即：① 老花岗岩，② 新花岗岩，③ 基性岩，④ 侏罗纪火山岩与粗粒玄武岩，⑤ 角砾云母橄榄岩和方柱煌斑岩等。在巴西，老花岗岩是所谓"巴西杂岩"的组成部分；而在非洲，则老花岗岩组成西南非洲的"基础杂岩"、开普省南部的马耳梅斯布利（Malmesbury）系和德兰士瓦（Transvaal）与罗得西亚（Rhodesia）的斯威士兰（Swaziland）系。他说："巴西东岸的马尔山脉（Serrado Mar）以及与此遥遥相对的中南非洲的西岸，大部分都由这些岩石组成，它们对两大陆的景观给予了相同的地形特征。"新花岗岩侵入到巴西的米纳斯吉拉斯省（Minas Geraes）和戈亚斯（Goyaz）省的米纳斯系中，形成了金矿脉，也侵入到圣保罗（São Paulo）省的米纳斯

① H. A. 白劳威尔：《里约热内卢西北格里西诺山地的基性岩以及巴西与南非喷出岩的一致》（*De alkaligesteenten van de Serra do Gericino ten Noordwesten van Rio de Janeiro en de overeenkomst der eruptiefgesteenten van Brazilii en Zuid-Afrika*），载1921年《阿姆斯特丹科学院学报》（*Kon. Akad. van Wetensch. te Amsterdam*）第29集第1005—1020页。

系中。在非洲则有赫雷罗斯(Hereros)地区的伊隆哥(Erongo)花岗岩和达马拉兰(Damaraland)西北部的布兰特堡(Brandberg)花岗岩与之相对应。德兰士瓦的布希佛耳特(Bushveld)的火成杂岩中的花岗岩也同属一物。基性岩也恰恰在对应的两岸发现:在巴西一边发现在马尔山地各处(如伊塔提艾亚〔Itatiayia〕、里约热内卢附近的格里西诺〔Gericino〕山地、丁古阿山地〔Serra de Tingua〕和弗里乌角〔Cabo Frio〕);在非洲一边则发现在卢得立次兰〔Lüderitzland〕海岸(在斯瓦科蒙特〔Svakopmund〕以北的克罗斯角〔Cape Cross〕附近)及安哥拉境内。在离海岸较远处,两边都有直径约30千米的喷出岩区,一边是米纳斯吉拉斯省的波苏斯迪一卡耳达斯(Pocos de Caldas),一边是德兰士瓦省勒斯顿伯格(Rustenburg)区的皮兰斯堡(Pilandsberg)。这些基性岩的深成相、矿脉相及喷出相的形成过程都完全相同。关于第四种岩石即侏罗纪火山岩和粗粒玄武岩,白劳威尔是这样说的:"和南非洲一样,有一厚层的火山岩发育于圣卡塔里纳(Santa Catharina)系的下部,和南非的卡鲁系大致相当。这些岩石形成于侏罗纪时代,在南里约格朗德(Rio Grande do Sul)、圣卡塔里纳、巴拉那(Parana)、圣保罗和马托格罗索(Matto Grosso)省,甚至在阿根廷、乌拉圭和巴拉圭境内都覆盖了广大的地面。"在非洲,这一类岩石属于南纬18—21°之间的高科(Kaoko)层,相当于巴西南部的圣卡塔里纳与南里约格朗德省的同一岩系。最后一个岩组(角砾云母橄榄岩与方柱煌斑岩等)是大家所熟知的。它们形成了金刚石岩脉,在巴西与南非都可找到。两处都发现一种"管状"的特殊沙矿。"白色"金刚石仅见于巴西的米纳斯吉拉斯省和南非的桔河(Orange River)以北。但除了这些少见的金刚石脉外,角砾云母橄榄岩的分布有更为明显的一致性,它在里约热内卢省的岩脉中也已找到。白劳威尔说道:"巴西的岩组像南非西岸的角砾云母橄榄岩一样,实际上都属于云母成分较少的玄武岩变种。"

白劳威尔又着重指出两边沉积岩的相似情况。他说:"大西洋两岸各组沉积岩的相似性同样是非常明显的。我们只要举南非的卡鲁系与巴西的圣卡塔里纳系就可以看出。圣卡塔里纳省与南里约格朗德省的沃尔里昂(Orleans)砾岩和南非的德乌加(Dwyka)砾岩相当,它们的最上层又都是由著名的厚层火山岩组成的,例如开普省的德腊肯斯堡山(Drakensberg)及南里约格朗德省的日伊腊耳山(Serra Geral)最上层即是如此。"

按托阿特(Du Toit)的研究[①],南美洲的二叠石炭纪冰漂石一部分也是从南非洲来的。他说:"巴西南部的冰碛,按柯尔曼(A. C. Coleman)的说法,可能是从东南面[②]现有海岸线以外的一个冰川中心带来的。柯尔曼和伍德沃思(J. B. Woodworth)两人也都记载着一种特殊的石英岩漂石或一种带有斑纹的碧玉卵石的磨石漂石。从对它们的描述看来,这些漂石和从来自格里圭兰威斯特(Griqualand West)的马策帕(Matsap)层山脉的德兰士瓦冰川内所采集到的漂石(向西至少搬运了经度18°)恰巧是一样的。因此,若考虑到大陆漂离的假说,这些漂石难道就不能搬运到更西的地方么?"

前面已经说过,通过两洲巨大片麻岩高原的古代褶皱,其褶皱方向也是一致的。在非洲方面,我们可以参看勒摩恩(Lemoine, P.)的地图(第8图)。这幅地图并不是为说明这个问题绘制的,所以并不很清楚地表明我们所需要的事实,但尽管如此,还是可以看出这个事实来[③]。在非洲大陆的片麻岩块上有两组比较突出的主要走向,较老的一组是东北走向,主要是在苏丹,在向东北直流的尼日尔河上游直至喀麦隆也可以看到。它和海岸线以45°的角度相交。在喀麦隆以南,我们在图上可以看到另一组年轻的走向,主要作南北向,与弯曲的海岸平行。

---

① A. L. du 托阿特:《南非洲的石炭纪冰川》(*The Carboniferous Glaciation of South Africa*),载1921年《南非地质学会译报》(*Trans. Geol. Soc. S. Africa*),第24卷第188—227页。

② 这里所写为一笔误,原文为"西南"。

③ P. 勒摩恩:《西非洲》(*Afrique occidentale*),《区域地质手册》(*Handb. d. Regionalen Geologie*)第7卷6A第14篇第57页,1913年海得尔堡(Heidelberg)出版。

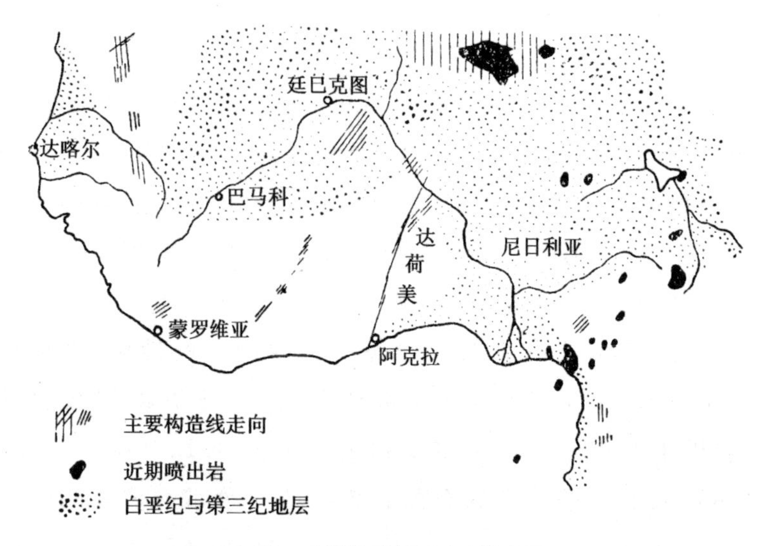

第 8 图　非洲构造线走向(勒摩恩)

在巴西方面,我们也看到同样的现象。E. 苏斯写道:“东圭亚那的地图……显示出构成该区的古代岩层的走向大致为东西向。构成巴西北部的古生代沉积层也是东西走向。从卡晏(Cayenne)到亚马孙河口的一段海岸恰和这个走向相斜交……从目前已知的巴西构造来说,必须认为直至圣罗克角的大陆轮廓也和山脉走向相交。但从这些山脚丘陵直到接近乌拉圭一带,海岸线的位置就和山脉一致了。”这里,河流的流向大体上也是沿着这个走向的(一边是亚马孙河,一边是圣弗朗西斯科〔San Francisco〕河和巴拉那河)。诚然,根据较新的研究,如 H. 开台尔的南美洲构造图(第 9 图)所示,还可看到存在有第三组走向,它平行于北方海岸,使那里的关系稍见复杂。但上述其他两组走向在这幅图上都表示得很清楚,只是离海岸稍远些罢了。由于把大陆并合时,南美洲需要略加旋转,那么亚马孙河的流向将和尼日尔河上游的流向完全平行;这样,这两组走向也就和非洲一致起来了。从这个事实中,我们看到了两大陆过去曾直接连合过的又一证明。

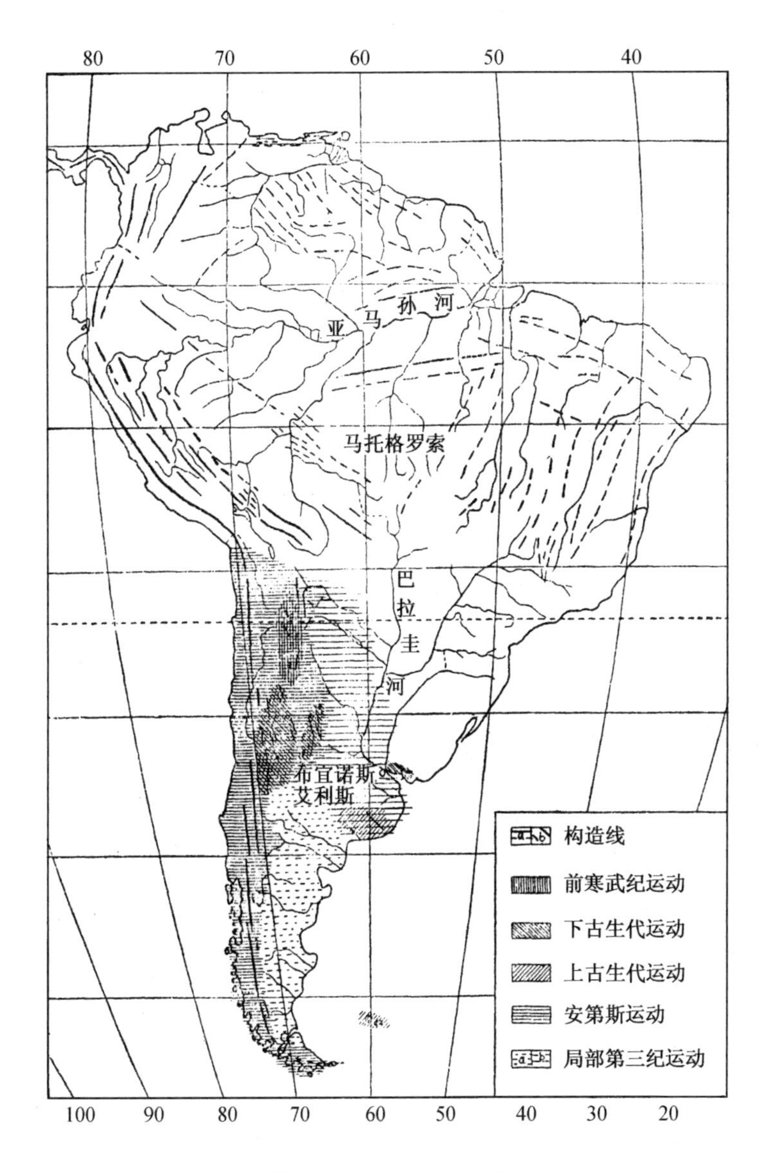

第 9 图　南美洲构造图(J. W. 伊凡斯和 H. 开台尔)

在即将于下章说明的从古生物学与生物学的论证中,我们可以确信南美洲及非洲两大陆间种的交换是在下中白垩纪时代结束的。帕萨格(S. Passarge)[①]认为南非洲边缘的断裂在侏罗

① S. 帕萨格:《喀拉哈里地区》(*Die Kalahari*)第 597 页,1904 年柏林出版。

纪时即已存在,它是从南向北逐渐开裂的,而裂隙则形成得更早。这个见解也和上述古生物学上的论断并不矛盾。在巴塔哥尼亚,断裂的结果形成一种特殊的陆块移动。温得豪孙(A. Windhausen)有如下的记述:"这个新断裂开始于白垩纪中期的大规模区域运动。"[①]当时,巴塔哥尼亚的陆地表面"是从一个急斜倾陷的洼地、具有干燥和半干燥气候并上复砾质荒漠与沙质平原的这样一个地区转变过来的。"

位于非洲大陆北缘的阿特拉斯山脉,其主要褶皱形成于渐新世,但褶皱开始于白垩纪。这条山脉并不能在美洲方面找到其延续[②]。这和我们的见解也是一致的。因为这时候在这一带大西洋裂隙已开裂很久了。也很可能这里一度曾是完全闭合的,而开裂却发生在石炭纪以前。北大西洋西部海洋的深度很大,似乎也说明这一区域的海底要较为古老些。西班牙半岛与其美洲对岸的差异,也是基于同样的道理[③]。至于亚速尔群岛、加那利群岛和佛得角群岛则被认为是大陆边缘的碎片,就像浮在冰山前方的小冰片一样。因此,加盖尔(C. Gagel)对加那利群岛和马德拉岛(Madeira I.)的情况作出如下的结论:"这些岛屿是从欧非大陆上分裂开来的碎片,它们是在较近时期中才分离开的。"[④]

---

① A. 温得豪孙:《巴塔哥尼亚南部的地层与造山运动》(*Ein Blick auf Schichtenfolge und Gebirgsbau im südlichen Patagonien*),1921年德国《地质杂志》第12卷第109—137页。

② 金提尔(L. Gentil)曾认定在该时代的中美山脉(特别是安的列斯群岛)中有阿特拉斯山脉的延续,但雅伏尔斯基(Jaworski)反对这种看法,认为这是和一般所公认的E. 苏斯的见解不相容的。这个见解是:南美洲的东部山弧越海入安的列斯群岛,仅从该岛曲向西面,并没有向东伸出任何支脉。

③ 很多人以这点来反对大陆漂移说。举北美洲沿岸的泥盆纪地层来说,在欧洲方面就找不出同样大的具有相同构造的陆块(西班牙太小,而且构造不同)。虽然美洲海岸前方有广大的大陆棚伸延这一点可予注意,但在弄清楚泥盆纪时西班牙陆块的大小与轮廓之前,不能就这个问题发表任何有力的见解。这在目前之所以是不可能的,还因为如果这样做,石炭纪与第三纪厚层褶皱横越伊比里亚半岛这一点就可能被抹杀。但是当大陆漂移学说宣布这一带的泥盆纪构造不能凑合时,谁也不能断言美洲泥盆纪构造对大陆漂移学说提供了反对或肯定的意见。

④ C. 加盖尔:《大西洋中部的火山岛》(*Die mittelatlantischen Vulkaninseln*),《区域地质手册》第7卷第4篇,1910年海得尔堡出版。

更往北进，我们看到三条并列的古老褶皱带，它们从大西洋的此岸伸延到彼岸，为大陆过去曾经直接连合的设想提供了另一个极为深刻的证明。其中最引人注目的是石炭纪褶皱（苏斯称之为阿摩利坎山脉〔Armorican mountains〕），这个褶皱可使得把北美洲的煤层看作欧洲煤层的直接连续。这些已经强烈侵夷的山脉，从欧洲内陆以弧形的弯曲向西北偏西方向伸展，再向西在爱尔兰西南及布列塔尼（Brittany）形成一种锯齿型的海岸（即里亚斯式海岸）。石炭纪褶皱带的最南支穿过法国，似在法国南部大陆棚上绕曲过来，延续到西班牙半岛，隔一个深海裂隙，像翻开的书本一样形成了比斯开湾（Biscay Bay）。苏斯称这一支为“阿斯土里亚（Asturia）漩涡”。但其主脉显然在大陆棚的较北部向西伸延；它虽然经波浪的冲蚀而削平，却指向大西洋盆地伸展[①]。正如 C. E. 贝尔特朗德早在 1887 年所说，在美洲方面这个伸延部分组成了在新斯科舍（Novo Scotia）及纽芬兰东南部的阿巴拉契亚山的延续。一条石炭纪的褶皱山脉也终止于此，与欧洲一样，向北方褶皱。它同样形成了里亚斯式海岸，然后穿过纽芬兰浅滩的陆棚。这条山脉的走向一般是东北向，在裂隙附近则转为正东。按过去的说法，它们是属于同一个大褶皱山系，即 E. 苏斯所称呼的“横断大西洋阿尔泰特”（Transatlantic Altaides）。若用大陆漂移学说把两者并合起来，这个事实就很容易解释了。可是，过去人们就是假定有一个比目前可见的两端要长的中间部分已经沉没；这样的假说，彭克一直感觉到是有困难的。过去，人们把在断裂点沿线从海底升起的几个孤立的隆起当作是沉没山脉的顶部。现在，按照我们的学说，它们实是从分离的大陆破裂开来的碎片。这些构造扰动地带有这种

---

① F. 科斯马特的见解（见《地中海山脉与地壳均衡说的关系》〔*Die Mediterranen Kettengebirge in ihrer Beziehung zumGleichgewichtszustande der Erdrinde*〕一文，载《萨克森省科学院学报——数学与物理专号》〔*Abh. d. Math Phys. kl. d. Sächsischen Akad. d. Wiss.*〕第 38 卷第 2 号，1921 年莱比锡出版）和苏斯的见解不同。他认为欧洲的褶皱全体都在大洋区域中回转，然后回向伊比里亚半岛。但这很难说得通，因为大陆棚上不可能容纳下这样大的褶皱弧。

碎片脱离开，是极易解释的。

欧洲更北部有一条更古老的褶皱山系，形成于志留纪与泥盆纪之间，横贯今日的挪威与苏格兰。E. 苏斯称它为加里东褶皱。安德雷[①]和提尔曼[②]曾论及这个褶皱山系延伸为“加拿大加里东”的问题，亦即延伸到早在加里东运动时已褶皱的加拿大阿巴拉契亚山脉的问题。当然，这个美洲的加里东褶皱后来又受到上述阿摩利坎褶皱的影响，但这并不妨碍欧、美加里东褶皱相互间的一致。阿摩利坎褶皱在欧洲仅发生在霍文（Hohes Venn）和阿登（Ardenne）地区，并不见于欧洲的北部。加里东褶皱的相互连接部分在欧洲方面是苏格兰和北爱尔兰高地，在美洲方面是纽芬兰。

在欧洲，加里东褶皱山系以北还有更古老（元古代）的赫布里底与西北苏格兰片麻岩山系。在美洲方面，拉布拉多（Labrador）的同期片麻岩褶皱向南到达贝尔岛（Belle Isle）海峡，远远伸入加拿大，与欧洲方面的实相呼应。在欧洲的走向为东北—西南，在美洲则为东北—西南以至东西向。达斯克说：“从这一点，我们可以断言：山脉是越北大西洋而伸展的。”[③]按照过去的说法，设想中的沉没的陆桥必须长达3000千米；即若按今日大陆的位置，欧洲山脉的直接延续应指向南美洲，故它与美洲部分将相差数千千米之遥。今按大陆漂移学说，美洲部分曾作横向移动，同时作旋转运动，则在恢复大陆的原状后，它自和欧洲部分直接连接，而成为其延续。

再者，在上述地区还发现有北美洲、欧洲第四纪冰川的终碛。若把两大陆合并起来看，这些冰碛也是合为一体、并无间隔

---

① K. 安德雷：《关于加拿大地质的各种文献》(*Verschiedene Beiträge zur Geologie Kanadas*)，《贝尔福尔与马尔堡自然科学会通讯》(*Schriften d. Ges. z. Beförd. d. ges. Naturwiss. zu Marburg*)第13卷第7期第437页，1914年马尔堡出版。

② 提尔曼(N. Tilmann)：《加拿大阿巴拉契亚山的结构与构造》(*Die Struktur und tektonische Stellung der kanadischen Appalachen*)，1916年自然科学学会波恩自然与医药学会下莱因区分会(Sitzber. d. Naturwiss. Abt. d. Niederrhein. Ges. f. Natur-, u. Heilkunde in Bonn)出版。

③ E. 达斯克：《古地理学的理论基础与方法》第161页，1913年耶拿出版。

的。假如其时两岸和现在一样相隔2500千米之遥，这种情况就未必可能。何况北美洲的终碛目前还位于欧洲冰碛以南4.5°呢。

综上所述，大西洋两岸的对应，即开普山脉与布宜诺斯艾利斯山地的对应，巴西与非洲大片麻岩高原上喷出岩、沉积岩与走向线的对应，阿摩利坎、加里东与元古代褶皱的对应以及第四纪冰川终碛的对应等，虽然在某些个别问题上还未能得出肯定的结论，但总的说来，对我们所主张的大西洋是一个扩大了的裂隙这一见解，则提供了不可动摇的证据。虽然陆块的接合还要根据其他现象特别是它们的轮廓等来证实，但在接合之际，一方的构造处处和另一方相对应的构造确切衔接这一点，是具有决定性的重要意义的。就像我们把一张撕碎的报纸按其参差不齐的断边拼凑拢来，如果看到其间印刷文字行列恰好齐合，就不能不承认这两片碎纸原来是连接在一起的。假如其间只有一列印刷文字是连接的，我们已经可以推测有合并的可能性，今却有 n 行连接，则其可能性将增至 n 次乘方。弄清楚这里面的含义，绝不是浪费时间。仅仅根据我们的第一行列，即开普山脉与布宜诺斯艾利斯山地的褶皱，大陆漂移学说的正确性的机会为1∶10；既然现在至少有六个不同的行列可资检验，那么大陆漂移学说的正确性当然为 10^6∶1，即1000000∶1。这个数字可能是夸大了些，但我们在判断时应当记住：独立的检验项数增多，该是具有多大的意义。

从上面已论述过的地区再向北看，大西洋裂隙在格陵兰分岔为二支，并渐见狭隘。大西洋两侧的对应已失去其作为证据的价值，因为我们更可以从陆块的现有位置来说明其起源了。但虽然如此，对格陵兰两侧进行全面比较，当不是没有兴味的。我们在爱尔兰和苏格兰的北部，在赫布里底和法鲁岛(Faroe Island)上，找到了广大玄武岩层的块片。在冰岛至格陵兰那边也有分布，还注目地形成格陵兰东岸斯科兹比湾南方的大半岛，并沿海岸延续，直达北纬75°。大面积的玄武岩流也在格陵兰的西岸找到。在所有这些地方，含有陆生植物的煤田都同样位于两个玄武岩流之间，从此也得出了过去有陆地连接的结论。北美洲（纽芬兰到纽约州）和英国、挪威南部与波罗的海地区，以及格陵兰、斯匹次卑尔根等地的陆相泥盆纪“老红”层的分布，也导致了相同的结论。综上所述，许多研究成果都表明这里原是一个连续的地带，今天才分裂开来。按过去的说法，这是由于其中间地带沉没了；但大陆漂移学说则认为它是断裂后漂离的结果。

此外，格陵兰东北部在北纬81°附近的未经褶皱的石炭纪沉积物，在对岸的斯匹次卑尔根岛上也有分布，这一情况在这里也值得连带提一提。

在构造上，格陵兰与北美洲之间也存在着预期的一致。按美国地质调查局的北美洲地质图，格陵兰的费尔韦耳角（Cape Farewell）及其西北一带的片麻杂岩中已发现很多前寒武纪喷出岩，这些东西恰巧在相应的美洲一边即在贝尔岛海峡的北边可以看到。

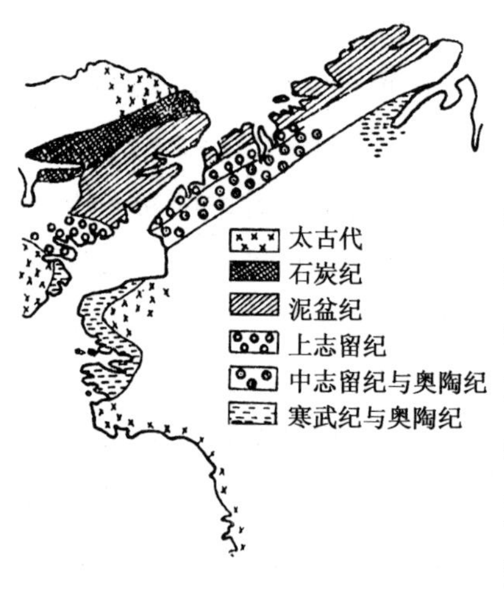

第10图　格陵兰西北部地质图

（劳格·科赫）

在格陵兰西北的史密斯湾（Smith Sound）与罗伯孙海峡（Robeson Channel）附近，其移动并不以裂隙边缘相互漂离的形式出现，而是一种大规模的水平移位，即所谓平移断层。格临内耳地（Grinnell Land）沿格陵兰滑动，形成了两陆块间显著的直线状边界。这种漂移可以从劳格·科赫（Lauge Koch）[①]的格陵兰西北地质图上看出（第10图）。图示格临内耳地在北纬

① 劳格·科赫：《格陵兰西北的地层学》（*Stratigraphy of North-west Greenland*），载1920年《丹麦地质学报》（*Meddeleser fra Dansk geologisk Forening*），第5卷第17期第1—78页。

80°10′与格陵兰在北纬81°31′处泥盆纪与志留纪间的界线。

在这里，著者拟先把大西洋生成以前的大陆接合情况稍加论述。关于这个现象的详细讨论，例如硅铝块的可塑性、底层的熔化等，将另见一文。但为避免误解起见，必须在裂隙边缘的地质比较方面，作若干说明。

在接合两大陆时，我们必须把南美洲东岸的阿布罗刘斯浅滩(Abrolhos Bank)删去。这里的参差不齐的轮廓和南美陆棚的直线形轮廓之不相协调，当有其特殊成因。这种浅滩可能是熔融的硅铝块(花岗岩)移位时从南美陆块底下浮升于尾部界面的结果。同样，塞舌耳岛(Seychelles Island)的花岗岩块恐是从马达加斯加岛或印度边缘下面浮升上来的。冰岛的基底的成因也可作如此推想。

非洲尼日尔河口三角洲的凸起，在两大陆连接时无需删去。因为巴西西北岸有一个对应着的小海湾，但由于这个海湾太小，并合时这个凸出部分必须大大削小。很多作者着重指出这个三角洲部分并不全是河口堆积物。著者看来，这个凸出部分(至少其中一部分)很可能是非洲陆块的一种可塑性变形、挤压造成的；在东北非洲与南非洲两大片陆地之间的角隅内，这个过程是容易产生的。下文我们将会谈到在埃塞俄比亚与索马里半岛间的红海上有一个显著的三角形地区，那里也同样产生过这个过程。穿越喀麦隆的裂隙线沿线的火山活动形成了喀麦隆火山，它延伸为斐南多波(Fernando Po)岛、太子岛(Prince's Island)、圣汤姆斯(St. Thomas)岛与安诺本(Anno Bom)等火山岛。这些火山活动即与这种挤压有关。地壳的水平运动产生压缩力，使硅铝块中流动的硅镁质挤出而形成火山，类此现象是到处可以看到的。

我们的大陆复原图和现今地图不同的是北美洲的拉布拉多要向西北推移很远。可以认为：最后导致纽芬兰脱离冰岛的大拉力，在它们分离之前已造成了两大陆块接合部分的拉伸与表面断裂。在美洲方面，不仅纽芬兰陆块(包括纽芬兰浅滩)分裂开来，旋转了 30°，而且整个拉布拉多也于此时向东南推移，使得圣劳伦斯河（St. Lawrence River）和贝尔岛海峡的原先直线形裂谷弯成现在的 S 形。哈得孙湾和北海也由于这个断裂而形成或扩大。因此，在接合中，纽芬兰陆棚受到了两重位置的变换。即：既有旋转，又有西北向的移位，并循着新斯科舍附近的陆棚线远远凸出海中。

至于冰岛，从其周围的海水深度图看，可以认为是位于两个裂隙之间的陆块。最初，格陵兰与挪威的片麻岩块之间形成了一个裂谷，裂谷后来被从陆块下流出的硅铝质熔岩部分地填充着，但由于其余部分是由硅镁层所组成（如同今日的红海），所以一个新的陆块挤压作用会使硅镁层与其底层切断，挤出表面，形成巨大的玄武岩流。假定这个作用很可能发生在第三纪，那么此时南美洲的向西漂移必然会引起北美洲一时的扭转。这样，只要由冰岛至纽芬兰一带的山脉所形成的锚抛着不动，北美洲以北地区必然会出现挤压现象。

在这里，我们也可以简略地谈到中央大西洋的海底浅滩[①]。豪格（E. Haug）认为整个大西洋是一个巨大的大向斜，而中央大西洋的海底浅滩是这个大向斜的褶皱的开始。今日大多数人认为这个说法是没有充分理由的，读者只要参考 K. 安德雷的批评就可以明白[②]。按大陆漂移学说，这个浅滩是大西洋裂隙尚狭窄时的裂谷底部。裂谷后来被沉陷的边缘、沿岸沉积和一部分硅铝质熔块所填充。今天盖在这个长形浅滩顶上的岛屿，在那时定是由裂隙边缘的碎片所形成的。这个假说自然并不和这些岛屿的外表结构具有纯火山性相矛盾。当大陆继续向两侧漂移时，这些填充物仍然保留在两大陆间的中央。含有直径达 0.02 毫米的矿粒的所谓深海砂，显然是近岸的沉积物，而它们却在大

---

① 比较：萧特（Schott）：《大西洋地理》（*Geographie des Atlantischen Ozeans*）一书中的大西洋海图，1912 年汉堡出版。

② K. 安德雷：《造山运动的条件》第 86 页及其他，1914 年柏林出版。

西洋的中央，为瓦尔提维亚（Valdivia）探险家和德里加尔斯基（Drygalski）领导的德国南极探险队所发现。这一事实足以证明我们设想的正确性。因为只有这样，海底的各部分才能在早些时期与陆岸相邻近。

就本学说来说，需要从地质学方面来论证古代大陆的连接的，除大西洋的分离外，其他就不多了。

马达加斯加岛和邻近的非洲一样，是一个东北走向的褶皱的片麻岩台地。在断裂线的两侧堆积了相同的海相沉积物，这就说明了它和非洲自三叠纪开始就被一个淹没了的断层沟所分开。就马达加斯加的陆栖动物群而言，也必须如此。但据P.勒摩恩的研究[①]，有两种动物（河猪与河马）曾在第三纪中叶（即印度已经分离以后）从非洲移入马达加斯加岛。这些动物至多只能越过宽达30千米的海峡，而今日莫桑比克海峡的宽度几达400千米。按此说来，马达加斯加岛只能是在第三纪以后才脱离非洲的，而印度的向东北漂移则比马达加斯加岛早得多。

印度也是一个褶皱的片麻岩平坦地台，在今日极古老的阿腊瓦利（Aravali）山脉（在塔尔〔Thar〕荒漠边上）和科腊那山脉（Korana Mountains）中，还可以看到这些褶皱。根据苏斯的研究，前者走向为东36°北，后者的走向亦为东北。这些山脉的走向都和非洲与马达加斯加一致。只要把印度略加旋转，就可以并合拢来。在内洛尔（Nellore）阶状山地或在维拉康达山脉（Vellakonda mountains）中还有中生代后期的褶皱，为南北走向，它和非洲的南北走向线极为一致。印度的钻石产地和南非的钻石产地是一脉相承的。我们的复原图上，印度西岸是和马达加斯加东岸相连接的，两岸都由片麻岩高原上的直线断裂所组成；在裂隙扩大的过程中，沿这些断裂线可能有像格临内耳地与格陵兰之间一样的相互滑移。玄武岩在断裂的两边的北端都

---

① P.勒摩恩：《马达加斯加岛》（*Madagaskar*），《区域地质手册》第7卷第6篇第27页，1911年海得尔堡出版。

有流出，断裂的两边均长达纬度10°。德干高原的玄武岩层南起北纬16°，是在第三纪初期流出的，可以推想它和这时大陆的分离有关。在马达加斯加，岛的最北端是由两个不同期的古代玄武岩形成的，其生成时代与成因还没有能够确切查明。

巨大的喜马拉雅褶皱山系主要形成于第三纪，显示出大块地壳的皱缩。若恢复其原状，亚洲轮廓将大为改观。从西藏、蒙古到贝加尔湖，甚至到白令海峡一线以东的整个东亚地区，都受到这个皱缩的影响。新近的研究表明：这个褶皱过程并不限于喜马拉雅山区，比如在彼得大帝山脉（Peter the Great Mountains）[1]中也看到始新世地层曾被强烈褶皱成海拔5600米的高山，并且在天山山脉中也产生过逆掩冲断层[2]。即使有些地方没有褶皱现象，仅有稳定地区的隆升，也和这个褶皱运动具有密切的联系。在这里，巨大的硅铝块因被褶皱而深陷，所以必然熔化而散开到相邻陆块的底部，然后把地面抬升。假如我们在这里仅就亚洲陆块的最高区域（此处海拔4000米，褶皱距离达1000千米）来说，按阿尔卑斯山的皱缩率即缩至原长度的1/4来计算（虽然它比阿尔卑斯山要高得多），我们可算出印度的移动距离当为3000千米左右。可见在褶皱运动开始以前，印度必然位于马达加斯加附近。过去那种在印度与马达加斯加之间有雷牟利亚（Lemuria）陆桥沉没的说法，也就无立足的余地了。这个规模巨大的皱缩可在其褶皱带的两侧看到许多证迹。马达加斯加岛从非洲分开及东非近期裂谷带的形成（包括红海与约旦河谷），就是这个大褶皱所产生的一部分现象。索马里半岛可能曾稍向北推，迫使阿比西尼亚山系隆升。深沉在熔点等温线以下的硅铝块在陆块底部流向东北，而在阿比西尼亚与索马里半

① 在今塔吉克斯坦共和国境内。——编者

② 克勒白尔斯伯格（R. von Klebelsberg）：《德奥阿尔卑斯协会的帕米尔地质探险》（*Die Pamir-Expedition des Deutsch. u. Österr. Alpen-Vereins vom geologischen Standpunkt*），1914年（第45卷）《德奥杂志》（*Zeitschr. d. Deutsch. u. Osterr.*）A—V，第52—60页，以及作者所收到的信件。他的主要著作尚未刊印。

岛间的角隅处喷升到地面上来。阿拉伯半岛也受到向东北的挤压力的影响，驱使阿克达山脉(Akdar mountains)像一个鞋钉一样戳入波斯山系。兴都库什与苏来曼山脉(Sulaiman mountains)的扇形汇集，表明这里已到达了皱缩区的西限。同样的情况出现在皱缩区的东限。在那里，缅甸山地转趋回折，以南北走向穿过越南、马六甲与苏门答腊。总之，东亚全部都受到这个皱缩运动的影响：其西限为兴都库什山与贝加尔湖之间的雁行褶皱山脉，一直伸延到白令海峡；其东限为拥有东亚花彩列岛的凸形海岸。

第11图　雷牟利亚古陆的皱缩

按我们的学说，印度的东岸和澳洲的西岸也是连接过的。印度东岸也是片麻岩高原上的陡峭的断裂线，其中只有狭沟状的哥达瓦里(Godavari)煤田一段(由下贡瓦纳地层所组成)是例外。沿海一带，上贡瓦纳地层不整合地覆盖在其边部。和印度与非洲一样的波状起伏的片麻岩地台也已在澳洲西部找到。在澳洲西岸，这个地台以一个长而陡的斜坡(达令山脉及其北延部分)向海洋倾斜。在陡坡的前方有一条低平地带，是由古生代、中生代地层组成的，有些地方为玄武岩流所切穿。在这条低平地带的更前方，还有一条狭窄的时现时隐的片麻岩带。在伊尔文河(Irwin River)上，地层内也含有煤系。澳洲片麻岩褶皱的走向一般作南北向，若和印度接合起来，则转为东北—西南向，因而和印度的主要构造线的走向平行。

在澳洲东部，其褶皱主要发生于石炭纪的科迪勒拉山系，沿海岸走向南北。当它逐步退缩时，即以雁行褶皱而告终，并常各自大致作南北向。它和兴都库什山与贝加尔湖之间的雁行褶皱一样，是皱缩运动的侧限。从阿拉斯加穿越四大洲(北美洲、南美洲、南极洲与澳洲)的巨大安第斯褶皱以此为终点。澳洲科迪勒拉山系以最西的一脉为最老，最东的一脉为最新。塔斯马尼亚岛是这个褶皱山系的延续。这个山系与南美安第斯山系在构造上显示出的相似性是很有趣的。南美安第斯山系因位于南极的对面，即以其最东一脉为最老。澳洲没有最新的褶皱山系，但苏斯却在新西兰找到了它们①。当然，新西兰的山脉还是形成于第三纪以前的。苏斯说："按大多数新西兰地质学者的意见，毛里山脉(Maorian mountains)的主要褶皱是在侏罗纪与白垩纪之间形成的。"在此以前，这时全为海水所淹，直至褶皱发生以后，"新西兰地区才转变为陆地"。上白垩纪及第三纪沉积仅见于边缘部分，且未经褶皱。在新西兰的南岛上，白垩纪沉积物仅见于东岸，不见于西岸，可见那时西岸当有陆地相连接。西岸是在第三纪时代就分开的，"因为第三纪海相沉积物在这里也有发现"。最后，在第三纪末期又发生了较小的褶皱、断层与逆掩冲断层，才形成今日的山地地形②。所有这些都可以拿大陆漂移学说来解释：即新西兰原为澳洲科迪勒拉山系的东缘，但当这些山脉与大陆分离而形成花彩岛时，褶皱运动就中止了。至于第

① E. 苏斯：《地球的表面》(*Das Antlitz der Erde*)第2卷第203页，1888年维也纳出版。又见苏拉斯(Sollas)英译本，第2卷第162页，1906年牛津出版。

② 威尔根斯(O. Wilckens)：《新西兰的地质》(*Die Geologie von Neuseeland*)，1920年《自然科学杂志》(*Die Naturwissenschaften*)第41期。又载1917年德国《地质杂志》第8期第143—161页。

三纪末期的变动，则大概和澳洲陆块的推移和漂离有关。

从新几内亚地区的海深图上可以看出澳洲后期运动的细节。如示意性的第12图所示，澳洲大陆块具有厚如铁砧的前端，这是由于在新几内亚褶皱成高大而年轻的山脉时，澳洲陆块前端从东南方挤到原先闭合的巽他群岛(Sunda Islands)与俾斯麦群岛(Bismarok Arohipelago)(这时位于较南)的中间去了。在第13图的海深图上[①]，我们看到巽他群岛的最南两列岛弧：爪哇—韦特尔(Wetter)岛弧东西走向，在其东端绕班达群岛(Banda Islands)作螺旋形的折曲而止于实武牙浅滩(Siboga Bank)时，走向从东北北转为西北西及西南。位于其前方的帝汶(Timor)岛弧，在和澳洲陆棚相撞时也改变了位置和走向。H. A. 白劳威尔曾对此作详尽的地质论述[②]。这条岛弧也同样作强烈的螺旋形折曲而止于布鲁岛(Buru I.)。在新几内亚东边，也可以看到足以补充说明这个过程的同样有趣的情况。新几内亚岛从东南方移来，紧擦俾斯麦群岛，以其原先的东南端触及新不列颠岛，在移拉中使这个长岛旋转了90°，而弯曲成半圆形；在岛的后方留下了一道深海道，但由于行动的急剧，硅镁质没有能够填充进去。

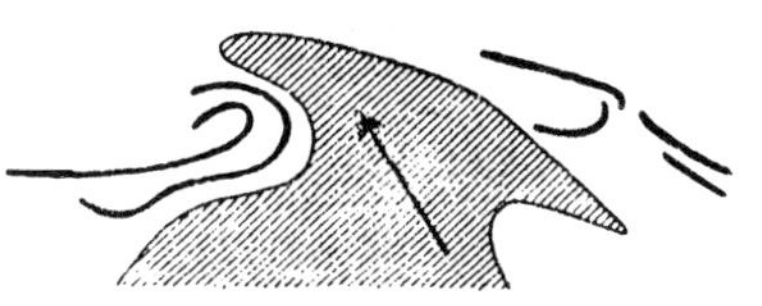

第12图 新几内亚岛链的散布(示意图)

很多人或许认为，仅仅看了海深图就得出上述结论，未免太大胆了吧。但实际上，海深图上到处都可以作为陆块移动的可

① 最好的巽他群岛图见于莫伦格拉夫(G. A. F. Molengraaff)《东印度群岛近代深海的研究》(*Modern Deep-sea Research in the East Indian Archipelago*)一文中，载1921年英国《地理杂志》第95—121页。该图陆高、海深等值线间距是相同的，看起来最为清楚。

② H. A. 白劳威尔：《东印度群岛东部岛弧区的地壳运动》(*On the Crustal Movements in the Region of the Curving Rows of Islands in the Eastern Part of the East Indian Archipelago*)，载1916年《阿姆斯特丹科学院汇刊》(*Kon. Ak. v. Wetensk. te Amsterdam Proceed*)第22卷第7—8号。又载1917年德国《地质杂志》第8卷第5—8期和1920年《哥丁根科学协会会刊》(*Nachr. d. Ges. d. Wissensch. z. Göttingen*)。

第 13 图　新几内亚附近的海深图

靠指南，特别在近期地质年代中最为有用。在支持我们的学说方面，有一件事是值得一提的：即首先采用大陆漂移学说的是在巽他群岛工作的荷兰地质学家①。事实上，个别进行的研究的许多成果都证明了我们学说的正确。例如，王纳尔（B. Wanner）对于布鲁岛与苏拉威西之间存在深海（在构造上是不可能的）的解释，是布鲁岛曾作了 10 千米的水平移动，这就和我们的想法非常吻合②。在莫伦格拉夫③的巽他群岛海图上，注出珊瑚礁区的海拔超过 5 米。按大陆漂移学说，这个地区恰恰是相当于硅铝层由于皱缩而加厚的地区，即澳洲陆块前方的整个地区，包括

① G. A. F. 莫伦格拉夫：《珊瑚礁问题与均衡说》（*The Coral Reef Problem and Isostasy*），载 1916 年《阿姆斯特丹科学院汇刊》，见第 621 页的附注。乌伦（L. van Vuuren）：《西里伯斯政府论文集》（*Het Gouvernement Celebes, Proeve eener Monographic*）第 1 卷，1920 年（特别注意第 6—50 页）。温·伊斯特（Wing East）：《在魏格纳大陆漂移学说启发下的马来群岛的移位》（*Het onstaan van der maleischen Archipel. bezien in het licht van Wegener's hypothesen*）一文，载 1921 年《全荷兰地理学会杂志》（*Tijdschrift van het Kon. Nederlandsch Aardrijkskundig Genootschap*），第 38 卷第 4 期第 484—512 页；又见其《魏格纳学说的引伸及其对大向斜与均衡说的意义》（*On Some Extensions of Wegener's Hypothesis and their Bearing upon the Meaning of the terms Geosynclines and Isostasy*）一文，载 1921 年《荷兰殖民地高山学会地质专刊》（*Verh. van het Geolog.—Mijnbouwkundig Genootschap voor Nederland en Kolonien. Geolog. Ser.*）第 5 卷第 113—133 页（但我对这个作者所提出的大陆漂移学说的修改意见无论如何不能同意）。

② B. 王纳尔：《摩鹿加群岛的构造》（*Zur Tektonik der Molukken*），1921 年德国《地质杂志》，第 12 卷第 160 页。

③ G. A. F. 莫伦格拉夫：《荷属东印度的海洋地质》（*De Geologie der Zeeın van Nederlandsch Oost-Indiı*）一书中，1921 年来顿（Leiden）出版。

苏拉威西岛(苏门答腊及爪哇西南岸除外)和新几内亚的北岸及西北岸在内。根据加盖尔的观察①,在新几内亚的威廉王角(Cape King William)以及在新不列颠岛②上存在着较新的阶地,抬升到1000米、1500 米甚至 1700 米的高度。这种引人注目的现象说明了在最新时期中有一种极大的力在作用着,这同我们认为这部分地壳有过冲击的概念是很吻合的。

新几内亚、澳洲东北和新西兰南北二岛被两条海底山脊相连接着。它们标志着大陆漂移的路线。它们可能是从遗留在后方的陆块底部流出的熔体。

关于澳洲与南极洲的连接,由于我们对南极洲的知识不多,能说的就很少。沿整个澳洲南缘有一条宽阔的第三纪沉积带横断巴斯海峡(Bass Streits)继续延伸。此后又在新西兰岛出现,而不见于澳洲东岸。可能在第三纪时澳洲已经被一条浸水的裂谷(甚至可能是深海)和南极洲分开(塔斯马尼亚岛除外)。一般认为塔斯马尼亚岛的构造延续到南极洲的维多利亚地(Victoria Land)。另一方面,威尔根斯说道:"新西兰山脉的西南向弯曲(即所谓奥塔哥鞍部〔Otago saddle)〕在南岛的东岸突然中断。这个突然中断很不正常,定然是一个断裂。它的延续部分,只能是向着格雷厄姆地科迪勒拉(即南极安第斯山脉)这一方向去寻找。"③

剩下来还得一提的是,南非洲开普山脉的东端也好像是突然中断的。按照我们对南极洲位置的显然不很确定的复原,这些山脉的延续可在高斯堡(Gauszberg)与科次地(Coats Land)之间寻找,但那里的海岸仍然还未知晓。

---

① C.加盖尔:《威廉王角的地质研究》(*Beiträge zur Geologie von Kaiser-Wilhelmsland*),载《德国殖民地地质调查专刊》(*Beitr. z. geol. Erforsch. d. Deutsch. Schutzgebiete*)第 4 期第 1—55 页,1912 年柏林出版。

② 萨帕尔(K. Sapper):《新不列颠岛及威廉王角见闻》(*Zur Kenntniss Neu-Pommerns und des Kaiser-Wilhelmslandes*),1910 年《彼得曼文摘》第 56 期第 89—123 页。

③ O.威尔根斯:《新西兰的地质》,1917 年德国《地质杂志》第 82 期第 143—161 页(本书第 59 页注为该杂志该年第 8 期——编者)。

南极洲西部与巴塔哥尼亚的连接是大陆漂移学说的良好地质例证(第 14 图)。至少上新世时在火地岛与格雷厄姆地之间有过一定的种的交换,只有以当时两岬仍位于南桑德韦奇群岛(South Sandwieh Islands)的新月形弯曲附近的理由来解释,这种交换才是可能的。自那时以后,两岬都向西漂移,但它们间的狭窄连接物却滞留、固着于硅镁层之中了。这样,一系列的雁行山脉从漂移的陆块上逐一脱落,而遗留下来。这种情况在第 14 图上看得很清楚[①]。南桑德韦奇群岛恰好位于裂隙的中部,所以在运动过程中弯曲最为强烈,此时包含于陆块中的硅镁层被挤

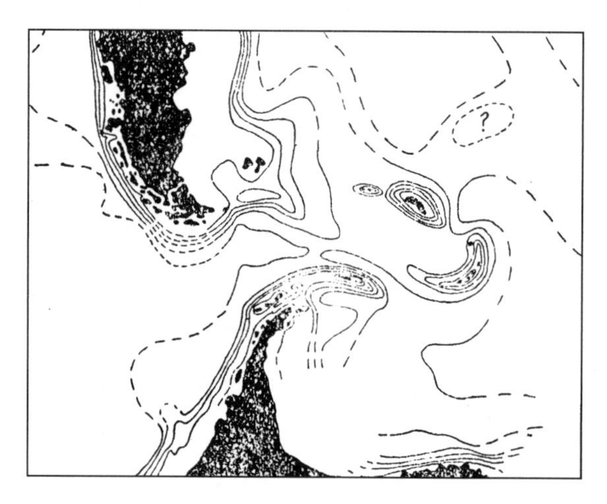

第 14 图　德雷克海峡(Drake Straits)海深图(格罗尔)

了出来。该群岛由玄武岩组成,其中一岛(扎伐多夫斯基岛〔Zawadowski Island〕)仍有火山活动。此外,据库恩(F. Kühn)的研究[②],南安的列斯岛弧整个山脊上均未见后第三纪的安第斯褶皱,而较老的褶皱则在南乔治亚(South Georgia)、南奥克尼(South Orkney)等岛上都可以看到。这种特殊情况用大陆漂移

---

① 最好的德雷克峡海图,是海德(H. Heyde)绘制的,后由 F. 库恩复制。本图与该图仅稍有出入,无关重要。

② F. 库恩:《所谓南安的列斯岛弧及其意义》(*Der sogenannte "Sudantillen-Bogen und seine Beziehungen*),载 1920 年《柏林地学杂志》第 249—262 页。

学说是很容易说明的。因为如果南美洲和格雷厄姆地的褶皱山脉确是由陆块的向西漂移所产生，则当南安的列斯岛弧粘着不动时，褶皱作用必然在此处中止了。

与此有关，二叠石炭纪冰川现象在南大陆各地均有发现一事，可以作为大陆漂移学说的证据。像北半球的老红层一样，它们只是原先连接的单一大陆的分散部分。冰川现象的分散在相隔如此遥远的南大陆各处，用大陆漂移学说来解释比用陆桥沉没说容易得多。不过这个现象主要是一个气候上的问题，将在本书第六章内作更详尽的阐述。

第 5 章

古生物学和生物学的论证

关于大陆之间过去的连接，古生物学与生物学的证据极多，要在本书的范围内一一阐述，实不可能。同时，这些资料涉及的植物与动物地理分布方面，已由陆桥论的信奉者屡屡论及，我们只要举出一般参考文献即可①。在这里，我们只限于了解其基本概念，并选出若干特别重要的事实来论述。

两大陆之间曾否连接的问题，已屡由各方面专家从不同角度作出解答，因为每个专家都从他自己的特殊领域来总结研究成果。阿尔特脱为了试图获得一个粗略的梗概，曾用各个专家对每个时代的陆桥的意见来投票。不待说，这种方式引起了许多质疑。但由于文献资料如此浩繁，除此以外似无别法，而投票的结果也证实他的方法的恰当。他利用了许多作者的论文与地图，其中有阿尔特脱、布尔克哈特(Burckhardt)、迪纳尔、弗勒希(F. Fresh)、弗里茨(Fritz)、汉德勒希(Handlirsh)、豪格、伊林(Ihering)、卡尔宾斯基(Karpinsky)、科根(Koken)、科斯马特、卡次儿(Katzer)、拉帕伦特(Lapparent)、马修(Matthew)、诺伊

① 有许多人谈到过各个陆桥，其中 T. 阿尔特脱在所著《古地理学手册》(*Handbuch d. Paläogeographie*，1917 年莱比锡出版)的第 1 卷“古生物学”(Paläontologie)里，也提供了大量的有关文献。

梅尔(Neumayr)、奥尔特曼(Ortmann)、奥斯本(Osborn)、舒孝特(Schuchert)、乌利格(Uhlig)和维理士等。附表为阿尔特脱所作统计的简化,表中前面四个陆桥用曲线列在第15图中。每一陆桥画三条曲线,一条代表赞成票数,一条代表反对票数,另一条则代表二者之差,以表明多数票的势力,并在差区加画晕线,以资醒目。这四条陆桥位于现在的大西洋区域,我们最感兴趣。从投票的结果看,虽然意见分歧,但情况大体上还是明朗的。澳洲与印度(连同马达加斯加和南非)间的连接,在侏罗纪初期以后不久就消失了。南美与非洲间的连接,在下一中白垩纪时期消失;而印度与马达加斯加岛间的连接,则是在从白垩纪过渡到第三纪时消失的。在以上三处之间,从寒武纪以来直到

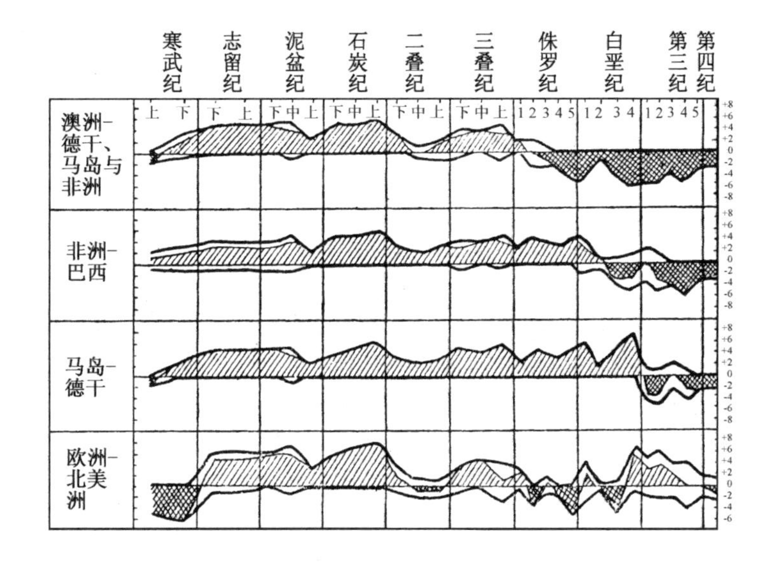

第15图 对于四个后寒武纪陆桥问题的投票

上黑线代表赞成票数,下黑线代表反对票数,

二者之正差以斜线代表,负差以交叉线代表

它们消失的时代都有过陆地的连接。北美与欧洲间的连接则较不规则。尽管众说纷纭,但也有相当一致的见解:两洲的连接在较古时期(寒武纪与二叠纪)曾一再受到破坏,在侏罗纪与白

垩纪时也曾经中断过；不过这种中断显然仅系海浸所致，海浸以后仍恢复了连续。最后的破裂，如同今日的为大洋所分隔，只是到了第四纪才发生的。

	澳—非（德干—马岛*）		非—南美		印度—马岛		欧—北美		火地岛—南极西部		澳—南极东部		北美—南美		阿拉斯加—西伯利亚	
	+	−	+	−	+	−	+	−	+	−	+	−	+	−	+	−
下寒武纪		2	2	1		2		5		2		2		5		5
上寒武纪	3	1	3	1	3			6		3		3		6		6
下志留纪	5		4	1	5		6	1		4		4	4	3	1	6
上志留纪	5		4	1	5		6	1		4		4	1	7	1	6
下泥盆纪	5		4	1	5		6			4		4	3	3	2	4
中泥盆纪	5	1	5	1	5	1	7	1	1	4	1	4	4	4	1	7
上泥盆纪	2		2		2		3			1		1	1	2		3
下石炭纪	5		5		4		6		1	3		4	1	7		7
中石炭纪	5		5		5		7		1	3		4		7	2	5
上石炭纪	6		6		6		8			5		5		8	2	6
下二叠纪	3		3		3		3	1	1	2	1	2	1	2	2	1
中二叠纪	1	1	2		2		1	2		2		2	1	2	2	1
上二叠纪	2	1	3		3		1	2		3		3	2	1		3
下三叠纪	4	1	4	1	5		4	1	1	3	4		3	3		5
中三叠纪	4		4		4		5			3	3		2	3		4
上三叠纪	5	2	5	1	6		4	3	1	4	5			8		8
瑞提克期（Rhaetic）	2		2		2		3			1		1		2		2
里亚斯期	2	3	5		5			4		4		4		6	4	2
次鲕状层期	1	3	4		4		2	1		3		2		4	3	1
大鲕状层期		3	3		3			2		2	1	2		3	1	2
上侏罗纪		5	5		5			6		4	1	3		7		6
下白垩纪 威尔特期		6	4	2	6		5	3	1	4	2	3		8		7
下白垩纪 阿尔比亚期		1		1	1			1		1		1	1	1	2	
中白垩纪		5	1	4	6		1	5	1	4	1	4	3	4	2	5
上白垩纪		7	2	5	8		7	1	1	6	1	6	4	6	4	6

续表

	澳—非（德干—马岛*）		非—南美		印度—马岛		欧—北美		火地岛—南极西部		澳—南极东部		北美—南美		阿拉斯加—西伯利亚	
	+	−	+	−	+	−	+	−	+	−	+	−	+	−	+	−
下始新世		6	3	3	1	5	5	2	6		3	3	2	5	7	1
上始新世		6	1	5	1	5	6	2	2	4	1	5		8	7	1
渐新世		4		4	2	2	4	2	1	4		4		6	7	
中新世		6		6	1	4	4	4	1	6		6	2	6	7	1
上新世		3		3		3	2	2	1	3		3	4		3	1
第四纪		3		3		3	1	3		3		3	4		3	

* 表内“马岛”即马达加斯加岛，今马尔加什。——编者

上表的其次两栏，即关于南极洲为一边与巴塔哥尼亚、澳洲为另一边的连接，投票的结果却完全不同。这里反对票占绝对优势，显然是由于我们对南极洲的认识不够，没有适当的理由可以使很多学者忽视这个大陆与其他陆地的联系。因此，我们只就赞成票来探讨。投赞成票者认为，从白垩纪一直到上新世，以至在此以前，德雷克海峡中都有过种的交换；尤其是从侏罗纪到始新世，澳洲与南极洲间也有过种的交换①。再者，还可以注意到澳洲与南美洲之间很多动物的亲缘关系，这显然是用南极洲为桥梁的，但由于这些迄今尚未确定，故被阿尔特脱所忽视了。也因此，就整个来说，上表也就不是为了十分适合我们的目的而制定的。

表上的最后两栏涉及中美陆块与白令海峡陆桥区，这在今日仍为陆块连接着。这类陆桥对大陆漂移说当然是不关重要的，因为我们一向认为暂时性的隆升与沉降是允许的。这两个陆桥确实可以作为消除某些误解的例子。从地图上可以看到，南美与中美间现有陆地的连接并不是偶然的接触。这些陆块虽然如表上所示有过暂时的沉没，但它们从很早时期就相互连接在一起了。显然这个陆桥在志留纪和泥盆纪时曾

① 根据O.威尔根斯的意见，从新几内亚、新西兰、南极西部到南美的陆桥在白垩纪时仍然存在，因为新西兰东岸上白垩纪中期的海相沉积和南极洲西岸的同期沉积物间有着动物种的联系。

露出海面，又在二叠纪到三叠纪中期，更在白垩纪以迄中新世以后，都曾露出过海面。这些陆块间的长期连接，并不和南美脱离非洲早于北美脱离欧洲的事实相矛盾。特别是当我们想到中美必曾经过极大的可塑性变形这一点时，就更不足怪了。南美的移位有很大部分是旋转运动。陆块在白令海峡的连接与此类似。前面已经提到过的迪纳尔的反对意见是："若把北美洲推向欧洲，必然破坏了它在白令海峡与亚洲的连接"①。这种情形只在墨卡托投影的地图上才会出现，而在地球仪上是不会的，因为北美洲的移位主要是旋转运动。在白令海峡，两个陆块从未撕开过；在志留纪及泥盆纪，从中石炭纪到中二叠纪，以至于里亚斯期到中侏罗纪（根据杜格尔〔Dogger〕），这里都存在着露出水面的陆桥。最后，在白垩纪到第四纪时，这个陆桥可能部分地被冰川所阻塞。

让我们现在用生物学观点来讨论一下大西洋裂隙吧。一般认为大西洋比太平洋年轻。乌毕希说道："在太平洋里，我们找到很多古老的种，如鹦鹉螺、三角蛤（Trigonia）、耳海豹等。这些动物在大西洋里是没有的。"②米歇尔逊（W. Michaelson）把我的注意力吸引到这件事上，即今日蚯蚓的分布情况，给过去大西洋两岸曾经连接提供了无可争辩的确切证据，因为蚯蚓是完全不能渡海的③。在大西洋两岸的不同纬度，都见有大量的动物亲缘交换。在南大西洋两岸，种的交换关系属于较古时代（螟虫类〔Chilotacae〕、舌文蚯蚓与少毛蚯蚓亚科〔Glossoscolecinae-Microchaetinae〕、寒蟋蚯蚓亚科〔Ocnerodrilinae〕、早期少毛蚯蚓亚

① C.迪纳尔：《地球表面的大地形》一文，载1915年《维也纳地质学会文摘》第58期第329—349页；又，其《三叠纪时代的海浸区》（*Die merinen Reiche der Triasperiode*）一文，载1915年《维也纳科学院院报数理专号》（*Denkschr. d. Akad. d. Wiss, Wien, math. -naturw*）。

② L. v. 乌毕希：《魏格纳大陆漂移学说与动物地理学》，1921年《维尔次堡物理学与医学学会论文集》单行本共13页。

③ 感谢米歇尔逊先生把他所著《寡毛类蚯蚓的地理分布》（*Die geographische Verbreitung der Oligochaeten*）一书（共186页，1906年柏林出版）上的一幅小图予以刷新，并益以宝贵的口头说明。

科、三歧肠类〔Trigastrinae〕)；至于北大西洋，则不但是较古老种属(黑三棱类〔Sparganophilus〕)的渡桥，并且也有新近的蚯蚓属在此渡过。这种蚯蚓从日本到葡萄牙延续分布，同时又越大西洋在美国东部(西部没有)有着土著种[①]。

下表为阿尔特脱所制，有助于对北大西洋陆桥问题的探讨。表中列举了大西洋两岸爬虫类与哺乳类动物的同种百分比数。

	爬虫类(%)	哺乳类(%)
石炭纪	64	—
二叠纪	12	—
三叠纪	32	—
侏罗纪	48	—
下白垩纪	17	—
上白垩纪	24	—
始新世	32	35
渐新世	29	31
中新世	27	24
上新世	?	19
第四纪	?	30

上表所列数字和第15图的投票数字很相符合。大多数专家都据此认为陆桥曾存在于石炭纪、三叠纪，以后又在下侏罗纪(不在上侏罗纪)和上白垩纪到下第三纪存在过。石炭纪时的陆地连接最为显著，可能是由于那时的动物区系比现在了解得更为完备的缘故[②]。欧洲和北美洲的石炭纪动物区系，经过了道孙(W. Dawson)、贝尔特朗德、瓦尔各特(C. D. Walcott)、阿米(H. M. Ami)、索尔特(J. W. Salter)、克勒白尔斯伯格等人的研究，已知道得和植物区系一样详细了。特别是克勒白尔斯伯格曾论述到石炭纪含煤层中海相夹层内动物的相似性。这个含煤

① 伊尔姆萱(Irmscher)曾从同样的观点出发，于1917年10月11日在汉堡所作题为《大陆的起源在植物分布上的意义》的就职演说中，得出植物分布的状况与大陆漂移学说极相协调的结论。植物的种子具有为暴风等所传播的可能性，导致了区系的混杂。

② 动物区系了解得愈不完备，同种动物的百分比数自然就愈小。

层从顿内次起，经上西里西亚、鲁尔区、比利时、英格兰直达美国西部，在短时期内有如此广泛的分布是十分值得注意的，而其间相似的动物并不限于那些世界种的成分[①]。对于这点，我们不能再详谈了。在上新世与第四纪时，同时爬虫类的缺乏自然是受了当时寒冷气候的影响，寒冷的气候灭绝了古老的爬行动物。至于哺乳类，则自它们进入地球的历史以来，显示了与爬虫类同样的趋向，特别是在始新世时最为一致。L. 乌毕希说道："在始新世，我们在欧洲看到了几乎和美洲一样的哺乳动物亚纲。其他的动物也是一样。"[②]上表所示上新世时亲缘的减小，一看就知道是受了大陆冰川的影响。现在请看阿尔特脱的地图（第 16 图），它表示了对北大西洋陆桥问题具有决定意义的一些动物的分布。蚯蚓科的新属已如上述分布于日本到西班牙，但在大西洋以西，仅见于美国东部。珍珠贝见于两大陆断裂线上的爱尔兰与纽芬兰，以及两岸附近地区。蜗牛的分布是从德国经不列颠群岛、冰岛、格陵兰而达美洲，而在美洲仅显见于拉布拉多、纽芬兰以及美国东部各州。鲈科（Percidae）和其他淡水鱼类的分布也是如此。还可以提及的是一种普通的帚石南（Calluna vulgaris），除欧洲以外它仅见于纽芬兰及其邻近地区。相反，许多美洲植物在欧洲生长的地区仅限于爱尔兰的西部。即使后者可用墨西哥湾流来解释，但帚石南的分布就不能用同样的理由来解释了。许多事实都证明：纽芬兰与爱尔兰之间的陆桥一直到第四纪初期还存在过。在此以北，还有一座陆桥，它在第四纪中叶以前也似一直存在过[③]。

---

① R. v. 克勒白尔斯伯格：《Ostrauer 层的海相区系》（*Die Marine Fauna der Ostrauer Schichten*），载 1912 年《全德地质研究所年报》第 62 期第 461—556 页，以及他和本书作者的通信。

② L. v. 乌毕希：《魏格纳大陆漂移学说与动物地理学》，1921 年《维尔次堡物理学与医学学会论文集》。

③ 沙尔夫（R. F. Scharff）：《北欧与北美间古陆桥的证迹》（*On the Evidences of a former Land-bridge between Northern Europe and North America*），载 1909 年《爱尔兰皇家学院院报》（*Proc. Roy. Irish Acad*）第 28 期 B. 组第 1—28 页。

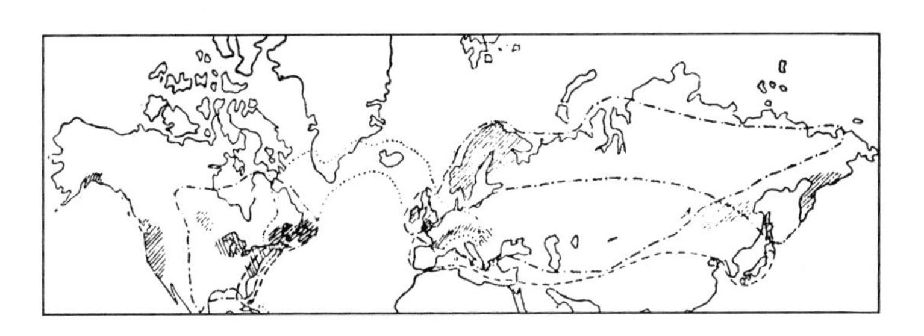

第 16 图　北大西洋生物的分布(阿尔特脱)

关于这个问题,华明(Warming)和那托尔斯特(Nathorst)对格陵兰植物区系的研究也很有意义。他们发现,在格陵兰的东南岸,也就是在第四纪时位于斯堪的纳维亚与苏格兰北部的前缘一带海岸(按大陆漂移学说两处应在一起)上,欧洲成分占优势,而在格陵兰的整个其他海岸,包括其西北海岸,则以美洲成分为主。根据森帕尔(M. Semper)的研究[①],格临内耳地的第三纪植物群和斯匹次卑尔根岛的关系(63%),要比和格陵兰的关系(30%)密切。当然今日的关系是相反了(分别为 64% 与 96%)。我们看一看始新世时的大陆分布情况,就可以解开这个谜,因为那时格临内耳地和斯匹次卑尔根间的距离,要比格临内耳地与格陵兰的化石地点间的距离短。

在第 15 图上,有关南大西洋陆桥的例证更为简单明了。很多人,比如斯特罗梅(Stromer)就着重指出,从舌蕨类(Glossopteris)植物、爬虫类的中龙科(Mesosauridae)[②]以及其他很多成分的分布看来,我们不得不假定南大陆间曾有过广大的陆地连接。因此,雅伏尔斯基在研究了各种可能的反对意见之后,得出了如下结论:"综合西非与南美的所有地质知识,是和从动物地

① M. 森帕尔:《古代气温问题,特别是欧洲与北极地区始新世时的气候情况》(*Das Paläothermale Problem, speziell die klimatischen Verhältnisse des Eozäns in Europa und im Polargebiete*),载 1896 年《德国地质学会杂志》(*Zeischr. Deutsch. Geol. Ges.*)第 48 期第 261 页等。

② C. 迪纳尔反对这点,指出二叠石炭纪时南非与南美的脊椎动物是不一样的。但斯特罗梅认为这个反驳是无力的,因为我们对南美洲的动物了解得还不够。

理与植物地理古今事实的研究中所得到的假说完全一致的。那就是说，在地球最早的时期内，于现在的南大西洋地方，即在非洲与南美洲之间，存在过陆地的连接”。[①] 恩格勒(Engler)从植物地理的资料得出的结论是：“考察了所有这些关系，如果在下列地区间保持着陆地连接，则美、非二洲间具有共同的植物型是极易解释的：即巴西北部亚马孙河口的东南与西非洲比阿夫腊湾(Biafra Bay)之间有陆块或大岛相连接；在南非的纳塔尔(Natal)与马达加斯加之间，以及向东北方向延续到与印度之间(其间为中国—澳洲大陆所分离)，有久已证实的陆地连接。除此以外，开普植物区系与澳洲植物区系间的很多亲缘关系，又必须假定澳洲与南极洲之间有陆地连接。”[②]南大西洋上陆地的最后连接处当在巴西北部与非洲几内亚湾沿岸之间。斯特罗梅说道：“西非洲和热带中南美洲都有海牛(Manatus)，它们生活在河流中和温暖的浅海中，但不能游过大西洋。由此可以断言：在最近的过去，大致在南大西洋北边的西非与南美之间，存在过已为浅海所淹覆的陆地连接。”

当然，上述许多论据也都被陆桥论的信奉者所引用。但是大陆漂移学说却从纯生物学的观点提供更为简单的解释。因为大陆漂移论者在解释动植物的分布时，不只证明两岸之间有陆地连接，并且还证明其间有距离上的变化。关于这一点，最有趣的是胡安·斐南德斯群岛(Juan Fernandez Is.)。据斯高次伯格(Skottsberg)的研究，该群岛的植物和邻近的智利海岸并没有任何亲缘关系，但却和火地岛(由于风和海流么!)、南极洲、新西兰及太平洋诸岛之间存在着亲缘关系。这就和我们的见解符合了。我们的见解是：南美洲向西漂移，最近才接近该岛，所以植物区系的差异才如此显著。而陆桥沉没论就不能解释这个

---

① E.雅伏尔斯基：《南大西洋盆地的年龄》(*Das Alter des südatlantischen Beckens*)，载1921年德国《地质杂志》第60—74页。

② 摘自恩格勒：《植物地理学》(*Geographie der Pflanzen*)一文，载《自然科学手册》(*Handwörterbuch der Naturwissenschaften*)。

现象。

同时,夏威夷群岛的植物区系和距离最近的北美洲关系很少,虽然风和洋流都从那里到来;而和旧大陆的关系更为密切[①]。假如我们记住中新世北极位于白令海峡时夏威夷群岛的纬度是40—45°,因而处在盛行西风带内,风从日本及中国方面吹来,那么,这个现象就容易理解了。何况当时美洲海岸离夏威夷群岛也比现在远。

德干高原与马达加斯加岛之间的生物关系,一般都认为是有一个雷牟利亚大陆沉没的缘故。我们只要参考第15图及阿尔特脱的著作就够了。在这个问题上,大陆漂移学说的优越性也很明显。就现在的位置来说,这两个陆块纬度不相同,其所以具有相似的气候与生物,仅由于它们位于赤道两侧。两地相距如此之远,则舌蕨类植物的出现时期在气候上自然是一个谜,但以大陆漂移学说来解释就不成问题。况且前面已经说过,南半球的舌蕨类植物地层不但可以作为当时陆地连接的证据,也可以证明大陆漂移学说比陆桥沉没说更为优越。因为,从它们现在的位置看来,它们不可能在地球历史上的所有时期都具有相同的气候。关于这一点,我们将在下章作进一步的论述。

我们现在来讨论一下澳洲的动物界,我觉得这对于大陆漂移学说来说是很重要的。很久以前,华莱士(A. R. Wallace)把澳洲的动物界清楚地分为三个古老的系统[②],这个分区并没有为新近的研究[例如赫德莱(Hedley)的研究等]所推翻。最老的成分主要见之于澳洲的西南部,它同印度、锡兰(今斯里兰卡)以及

---

① 格里斯巴赫(A. Grisebach):《在气候影响下的世界的植物——比较植物地理学简编》(*Die Vegetation der Erde nach ihrer klimatischen Anordnung. Ein Abrisz der vergleichenden Geographie der Pflanzen*)第3卷第528及632页,1872年莱比锡出版。又参见特鲁台(O. Drude):《植物地理学手册》(*Handbuch der Pflanzengeographie*)第487页,1890年斯图加特出版。

② A. R. 华莱士:《动物的地理分布》(*The Geographical Distribution of Animals*)第2卷,1876年伦敦出版。

马达加斯加、南非的具有亲缘关系。这里，喜温动物是亲缘关系的代表，还有性畏冻土的蚯蚓[①]。这个亲缘关系起源于当澳洲还和印度相连接的时候。按第15图所示，这个连接已于下侏罗纪时断绝了。

澳洲第二个动物区系成分是人所共知的。它属于特有的哺乳动物——有袋类与单孔类，它同巽他群岛的动物完全不同（哺乳类动物的华莱士线）。这一动物成分和南美洲具有血缘关系。例如，今日有袋类不仅居住在澳洲、摩鹿加与太平洋诸岛，也居住于南美洲（其中有一种鼲［opossum］还见之于北美洲）。至于它们的化石，则曾在北美洲与欧洲找到，但未在亚洲找到。甚至澳洲与南美洲有袋类的寄生动物也是相同的。勃雷斯劳（E. Bresslau）曾着重指出，在175种的扁虫类（Geoplanidae）中有3/4于两地均可见到[②]。勃雷斯劳说道："吸虫（Trematodae）及绦虫（Cestodae）的地理分布（这种分布当然与它们的宿主的分布相符）迄今还研究得很少。绦虫纲的Linstowia属仅见于南美洲负鼠科（Didelphyidae）的鼲和澳洲的有袋类（袋貍Perameles）与针鼹（Echidna）体内。这是在动物地理上极为有趣的事。"关于澳洲与南美洲的血缘关系，华莱士是这样说的："特别值得重视的是，从喜热的爬虫类来说，很难显示出两地有什么密切的血缘关系，而从耐寒的两栖类与淡水鱼来说，显示这种关系的例证就极为丰富了。"（见其所著《动物的地理分布》第1卷第400页）

细察其余所有动物，也显示出相同的特点。因此华莱士确

---

① 根据米歇尔逊的材料，八毛蚯蚓亚科（Octochaetinae）直接把新西兰和马达加斯加、印度以及中印半岛北部连接着。有趣的是，它飞越了其间的巨大澳洲陆块。巨蚯蚓亚科（Megascolecinae）的许多属间的联系最为特殊，它把澳洲、新西兰北部或整个新西兰与锡兰（今斯里兰卡）、南印度连接起来，有时还与印度北部和中印半岛（奇怪的是，有时竟与北美洲西岸）连接着。蚯蚓在澳洲与非洲之间不见有任何联系，是符合我们的假说的，它说明了这两个大陆未曾直接连接过，而仅是各自通过印度与南极洲间接连接的。

② E. 勃雷斯劳：《扁形动物目》（*Artikel Plathelminthes*），《自然科学手册》第7卷第993页；又1904年次楚开（Zschokke）《寄生细菌中央汇刊》第1卷第36页。

信澳洲与南美洲间即使有陆地连接,也必然位于靠近大陆的寒冷的一端。蚯蚓也没有利用过这个陆桥。由于这个陆桥可立即被指定为南极大陆(它位于最短的路线上),那么少数作者所建议的南太平洋陆桥(仅在墨卡托投影的地图上似乎是最近捷的)之被大多数人所反对,也就不足为怪了。因此,澳洲动物界的第二个成分必然发生在澳洲还和南极洲、南美洲相连接的时期,即在下侏罗纪(其时印度已分开)与始新世(其时澳洲与南极洲分开)之间。由于今日澳洲位置的接近,这些动物又逐渐侵入巽他群岛,使华莱士不得不把哺乳动物的界线划在巴厘岛(Bali I.)与龙目岛(Lombok I.)之间,并通过马卡萨海峡(Macassar Straits)。[①]

澳洲的第三个动物区系是最新的。它从巽他群岛移居到新几内亚与澳洲的东北部。澳洲的野犬(dingo)、啮齿动物、蝙蝠等是第四纪以后移入的。蚯蚓的新属环毛蚯蚓(Pheretima),因其生活能力特强,已在巽他群岛及从马来半岛到中国、日本的东亚沿海一带替代了旧的蚯蚓属,并且移居到整个新几内亚,在澳洲的北端也获得了稳定的立足点。以上种种都表明了自新近地质时代以来动植物区系方面的急速交换。

这三个澳洲动物区系的划分和大陆漂移学说是极为一致的。只要我们浏览一下前面的三幅复原图(第1、2图),就可以

① 几乎只有布尔克哈特一个人主张在泥盆纪到始新世间存在过南太平洋陆桥,但正如西姆罗次(H. Simroth)等人的看法,布尔克哈特的见解不是根据生物学而仅是根据地质学得来的(见西姆罗次:《南半球大陆的早期连接问题》〔*Über das Problem früheren Landzusammenhangs auf der südlichen Erdhälfte*〕,载1901年德国《地理杂志》第7卷第665—676页)。在南美西岸南纬32—39°之间找到的粗斑砾岩,前人都认为是火山性物质,而布尔克哈特却认为是固结的海滨砾石。由于这些砾岩在更东边为砂土所替代,布尔克哈特乃断言它们必位于海岸线所在,即位于大河的河口段,因此其时水陆的分布必和今日情形恰恰相反。但H. 西姆罗次(见上述论文)、K. 安德雷(见其《海陆永存问题》〔*Das Problem der Permanenz der Ozeane und Kontinente*〕一文,1917年《彼得曼文摘》第63期第348页)、C. 迪纳尔和W. 索格尔等都不同意布尔克哈特的这个陆桥说。T. 阿尔特脱虽然同意他的主张,可也承认他的论证很软弱(见其《对海陆永存论的探讨》〔*Die Frage der Permanenz der Kontinente und Ozeane*〕,载1918年《地理消息》〔*Geogr. Anzeiger*〕第19期第2—12页)。因此,对布尔克哈特的观察必须予以另外的解释。

从图上找到解答。即使从纯生物事实来看，大陆漂移学说也比陆桥沉没说优越得多。南美洲与澳洲之间的最短距离，即从火地岛到塔斯马尼亚岛，今日为经度 80°，几与德国和日本间的距离相等。阿根廷中部和澳洲中部间的距离与阿根廷中部和阿拉斯加间的距离相同，也即等于南非和北极间的距离。难道有人真会相信靠一个陆桥就可以进行物种的交换了吗？而澳洲竟和如此邻近的巽他群岛间没有什么物种的交换，就像从另一个世界来的外来物一样，岂非怪事！根据我们的假说，则知澳洲与南美洲之间曾非常靠近，而与巽他群岛之间则曾有宽阔的大洋相隔，这就为说明澳洲动物区系提供了一把钥匙，这是任何人也不能否认的。

第 *6* 章

古气候学的论证

本书虽不讨论整个古气候的问题，但也不能不对之作一番概要的说明；因为只有这样，才能获得支持大陆漂移学说的确切根据。

目前古气候的落后状态并不是由于过去气候资料的缺乏。过去的气候资料是很丰富的，但坦白地说，其中很多资料我们还不能确切地解释；并且，不幸的是，很多人又解释得不正确。大部分的古气候证据是植物和动物的化石。在最热月 10℃等温线即树木线以外的无树苔原和温带森林植物，在化石上是显著不同的；而温带森林植物又在树干的年轮上和热带雨林大异，它和亚热带硬叶常绿植物（在今日的气候分类中仅占有较小的地区）有时也有区别。棕榈在今日仅见于最冷月平均温度超过6℃的地方，很有可能，过去的棕榈也有相同的温度限界。同样，珊瑚在今日仅见于水温超过 20℃的海洋中，冷血的爬虫类动物不可能在过去的极地气候下生存，蚯蚓也不可能在冻土中生活。但能利用水温的两栖类，特别是淡水鱼类，以及自身能产生体温的哺乳类等，就可能在寒冷的气候下生存。用来判断在什么气候下有什么动植物和动植物化石的事例，多得不能一一列举。所有这些例证如果孤立地来看，都是不很确切的，因为有些动物和植物具有适应于与其种族环境完全不同的气候的惊人能力。但这正像从许多不确切的估计去计算流星群的轨道一样，就个别的资料来说可能很不正确，有时甚至完全相反；而若把这些资料综合起来，用误差补偿律来处理，就可以得到很可靠的结果。

此外，还有气候的非生物证据。非生物对气候无适应力，它们是更为优越的证据。漂砾泥、具有擦痕的碎岩以及磨光的岩石面，特别是当它们在大面积内以同样的情况出现时，就标志着大陆冰川与极地气候的作用。煤和古泥炭可以在不同的温度下形成，只要那里的降水超过蒸发。相反的，盐渍层只能在干燥气候下即在蒸发旺盛的地区形成。深厚的无化石的砂岩也是荒漠气候下的形成物。红色砂岩相当于较为炎热的荒漠，而黄色砂岩则相应于较为温和的气候(可比较热带的砖红壤、亚热带的红壤以及温带的黄壤)。

堪作气候的化石证据的大量事实说明了一个情况，即过去世界上许多地区具有与今日完全不同的气候。下面是一个特别显著的例子。

今日斯匹次卑尔根岛气候极为寒冷，为大陆冰川所覆盖，但在第三纪时确曾繁殖过种类上比现今中欧还要丰富的森林：不仅有扮松及水松，还有菩提树、山毛榉、白杨、榆、栎、枫、常春藤、野枣、榛、山楂、蔓越橘、楞木，甚至还有更为喜温的睡莲、胡桃、沼泽扁柏(落羽松属)、巨杉、法国梧桐、板栗、银杏、木兰和葡萄等。这样看来，斯匹次卑尔根岛过去曾经有过和今日法国一样的气候，它的年平均温度比现在要高出 20℃。假如我们追索到地球的更远的历史时期，我们可找到更为温暖的标志。在侏罗纪及下白垩纪时，就还有西米椰子(今日只见于热带)、银杏(今日只见于中国及日本，为特有种)和树蕨等其他植物。最后，在下石炭纪时，我们在斯匹次卑尔根岛上又看到芦木、鳞木、树蕨等和欧洲上石炭纪的大煤系一样的植物，这些植物据最有权威的学者的判断应是热带种。由此看来，那时斯匹次卑尔根岛的气候必然要比今日高出大约 30℃。

这种从热带到极带的巨幅气候变化，立刻使人联想起地极和赤道的移动以及由此而引起的整个气候带系统的移动。位于斯匹次卑尔根岛以南纬度90°的中非洲在同一时期内经受了如此巨大而完全相反的气候变化这一例，即可证实这种想法的正确性。在石炭纪中，中非洲被冰川所覆盖，而今日则在赤道雨林区域内。但中非洲以东90°的巽他群岛却没有发生过气候变迁，至少从第三纪以来，巽他群岛一直具有像今日一样的气候，这表现为那里保存着许多古老的植物和动物，例如西米椰子和貘。南美北部的位置当时也和今日一样，例如貘等至今也还留在那里。但是在北美及欧亚（中印半岛除外），仅可见到这种貘的化石，在非洲却连化石也找不到。

因此，试探过去气候变化的理论，难怪很早就是并且一直是依靠地极位置移动的假说。同时还有一个假说，即认为整个地壳在其下层的上部滑动着，而地轴对大陆的位置关系一直保持不变。因为我们还无法确定二者的差别，就只好把它和地轴移动说同样对待。这样，我们对于地极的移动就一概理解为地球表面的地极的位移，至于这种移动是由地壳的变动所引起，还是由地球内部极的移位所引起，或者二者兼而有之，我们就不予探究了。赫德尔（Herder）早在他的人类历史的哲学方向的思想中提到过以地极移动来解释古气候，它获得了很多学者的程度不同的支持，例如伊文思（1876）、F. B. 泰罗（1885）、勒费尔霍尔·封·科尔堡（1886）、奥尔丹（R. D. Oldham，1886）、M. 诺伊梅尔（1887）、那托尔斯特（1888）、汉森（A. Hansen，1890）、M. 森帕尔（1896）、戴维斯（W. M. Davis，1896）、雷毕希（P. Reibisch，1901）、D. 克莱希高尔（1902）、哥尔费尔（Golfier，1903）、H. 西姆罗次（1907）、华尔特（J. Walther，1908）、横山（Yokoyama，1911）、E. 达斯克（1915）等。此外，近来在艾克哈德特（Eckhardt）的许多著作（最近的在1921年）中，在E. 凯塞尔的名著《普通地质学教程》中以及在F. 科斯马特等人的著述中，都有所探讨[①]。地极移动说常常遭到来自地质学专家这一小圈子的强力反对，直到 M. 诺伊梅尔与那托尔斯特的著作发表前，大多数地质学者还完全拒绝地极移动说。在这些著作发表以后，情况有所改变，而信奉地极移动说的人也渐渐多起来了。现在，大多数地质学者都采用了 E. 凯塞尔《普通地质学教程》一书中的观点，即承认在第三纪时地极有较大的移动这一点是无论如何“很难回避”的。虽然有些人还在进行着艰苦的反驳，但地极确曾移动已可看作定论了。

虽然地极移动的假定(在地球历史的某些时期中)是不可避免的，但不可否认，过去所有想要连续地确定整个地质过程中的地极位置的一切尝试常常是自相矛盾的，有时矛盾到如此的奇异，以致难怪会引起对地极移动说发生怀疑，认为是一套妄谈。曾经尝试系统地确定地极位置的，有勒费尔霍次·封·科尔堡[②]、P. 雷毕希[③]和 H. 西姆罗次[④]、D. 克莱希高尔[⑤]和 E. 雅可比提(Jacobitti)[⑥]等人。可惜的是，P. 雷毕希把这种移动看作仅在较小的摆动轨道范围内的运动，虽然在白垩纪以后是正确的，但从转动物体律来看恐怕是错误的。无论如何，这种说法也没有足够的根据，而是和观察到的事实发生了许多矛盾。H. 西姆罗次搜集了大量的生物学资料，其中有可以作为地极移动的良好证

---

① 1918 年以前的文献，可参考 T. 阿尔特脱：《古代特别是冰川时期气候变化的原因》(*Die Ursachen der Klimaschwankungen der Vorzeit, besonders der Eiszeiten*)一文，1918 年《冰川学杂志》(*Zeitschr. f. Gletscherkunde*)第 11 卷。

② 勒费尔霍次·封·科尔堡：《地质过程中地壳的转动——一个新的地质天文假说》(*Die Drehungen des Erdkruste in geologischen Zeiträumen*)，1886 年慕尼黑出版，1895 年增订第二版。

③ P. 雷毕希：《地球的主要形状》(*Ein Gestaltungsprinzip der Erde*)，1901 年《德累斯顿地学协会年报》(*Jahresber. d. Ver. Erdkunde zu Dresden*)第 27 卷第 105—124 页。续篇(仅包括不重要的增补)发表在 1905 年《德累斯顿地学协会文摘》(*Mitt. Ver. Erdk. Dresden*)第 1 卷第 39—53 页。第三篇《冰川时期》(*Die Eiszeiten*)发表在 1907 年同上杂志第 6 卷第 58—75 页。

④ H. 西姆罗次：《摆动论》(*Die Pendulationstheorie*)，1907 年莱比锡出版。

⑤ D. 克莱希高尔：《地质学上的赤道》(*Die Äquatorfrage in der Geologie*)，1902 年希太尔出版。

⑥ E. 雅可比提：《亚洲大陆移动的地质研究》(*Mobilità dell'Assa Terrestre, Studio Geologico*)，1912 年意大利都灵出版。

据，但根据这些生物学上的证据，却并不能证实想象中地极来回摆动的严格规律性。这里，不如用纯归纳法来处理还较为正确些。即纯从气候的化石证据来决定极的位置，不要对这个问题持任何先入之见。克莱希高尔在他的详尽而明确的论著中就采用了归纳法，但他却又陷入对于山脉的配置的不成熟的教条中。对于较新的时代，上述所有探讨都得到几乎相同的结论，即北极的位置在第三纪初期是位于阿留申群岛附近，以后即向格陵兰岛的方向移动，到第四纪时移达格陵兰岛。就时代来说，各家没有很大的分歧。但在白垩纪以前的时代里，情况就完全不同了，不但许多著名学者的见解分歧很大，并且由于丢开了大陆漂移的思想，陷入了无可救药的矛盾中，产生了从中确定地极位置时不可克服的障碍。

南半球二叠石炭纪的冰碛层即是其中最大的障碍。冰川作用的痕迹在南半球所有的大陆内都有发现。有些地方冰川痕迹极为明显，甚至可以从岩石表面的擦痕读出冰块移动的方向。南半球二叠石炭纪冰川的痕迹最初是在南非洲发现的，也研究得最好。以后在巴西、阿根廷、福克兰群岛（Falkland Islands）、多哥兰（Togoland）、刚果、印度以及澳洲的西部、中部和东部又陆续发现[①]。假如我们把南极确定在这些冰川遗迹的最适中的位置，即在南纬 50°、东经 45°处，那么最远的冰川地区，如巴西、印度及澳洲东部将在离赤道 10°以内。换句话说，当时整个南半球都要被冰川所覆盖，于是就必须假定当时整个南半球都属于极地气候了（而在北半球的二叠石炭纪沉积中，已经清楚地知道非但找不到任何确切的冰川痕迹，相反还在很多地方发现了热带植物的遗体）！这样的结论，不待说是荒唐的。这一点已为很多学者指责过，其中 E. 科根说得最明白[②]。他认为这些冰川除

① 参照 E. 达斯克：《古地理学的理论基础与方法》一书中的附图，1915 年耶拿出版。

② E. 科根：《印度的二叠纪和二叠纪冰期》（*Indisches Perm und die permische Eiszeit*），1907 年《矿业年报纪念刊》（*Festband d. N. Jahrb. f. Min.*）。

了假定为海拔显著的高山冰川外，别无他途。但从气候学的观点来看，这是不可能的。正如克尔纳(F. Kerner)把它解释为由于寒流等现象引起的热量分布的局部反常，在气候学者看来也是不可能的一样。这样一来，有些学者，如A.彭克，才认为有可能用地壳移位说来说明这些事实的必要了。再有一种假说，认为当地极移动或地壳随之转移时，冰川痕迹是依次形成的。这个假说也由于在其对跖点的地区看不到相应的现象而被否定了。假使我们允许南极从今日的巴西经非洲移向澳洲，且不说其移动的速度将立即引起应有的怀疑，而且北极势必要相应地从中国移至中美洲以东，并在那里留下冰川痕迹了。这和由其他方面所确认的二叠石炭纪赤道位置以及当时的干燥区域位置也完全矛盾。我们对于那时整个的气候证据了解得愈正确完全，事情就愈明显：即按照今日的大陆配置，地极和气候带无论怎样安放，都不可能和当时的气候相适应。所以，如果说这些显然自相矛盾的观察资料已使得古气候的发展行不前，也并非言之过甚；而以上提到的追索地质时期中地极位置变动的一切尝试，也必然在这一块岩石上碰得粉碎。

二叠石炭纪冰期之谜，现已可从大陆漂移学说找到极为生动的解决：那些带有冰川作用痕迹的地壳部分，过去曾环绕着南非这个中心而直接聚合在一起，因此过去被冰川覆盖的整个地区并不比北半球第四纪冰川所覆盖的地区大。大陆漂移学说不但使问题单纯化，并且也第一次提供了一种可能的解释。

鉴于这些事实对大陆漂移学说的正确性问题具有特别重要的意义，我们将于下文对二叠石炭纪时期的其他气候证据择其最有力者试予以探讨，看一看它们在大陆漂移学说的基础上是否与气候带的确定的方位相适应。

让我们首先假设这个大为缩小了的冰冠从来没有以最大的范围存在过，而是由于南极的移动曾在不同的地区陆续出现的。这样，各地冰期的年代将不会确定得那么准确，例如准确到可以从地质学上判断出其间较小的时间差异。但是在地质学上，这种时间上的变动却也已有所假定了。瓦根(L. Waagen)曾指出，含有舌蕨类植物的地层在非洲与印度位于漂砾泥之上，而在澳洲则位于其下，因而说道："可以毫不含糊地认为，在印度与南非，冰川覆盖时期较早，而在澳洲则覆盖时期较迟。这样，我们可以确定印度、非洲的冰期是在石炭纪，而澳洲的冰期则在二叠纪。"[①]在阿根廷，按格尔兹(H. Gerth)的研究[②]，含有舌蕨与圆舌蕨类(Gangamopteris)的砂岩位于冰碛层之上。这样看来，在巴西、多哥兰、刚果所看到的最西冰碛遗迹可能是在下石炭纪时形成的。又由于在南非的下泥盆纪地层中也发现了冰川现象[③]，看来从下泥盆纪到下石炭纪时期中，南极可能是从开普省移过了卢安达(Loanda)，以后到上石炭纪又以相反的方向移回到南非和印度南端，在二叠纪移到了澳洲。北极的相应移动路线则全在北太平洋内，所以就没有留下任何值得一提的冰川痕迹。现在让我们来看看其他气候证据对这个路线又是如何合辙的。其中最重要的证据均载入第 17 图。

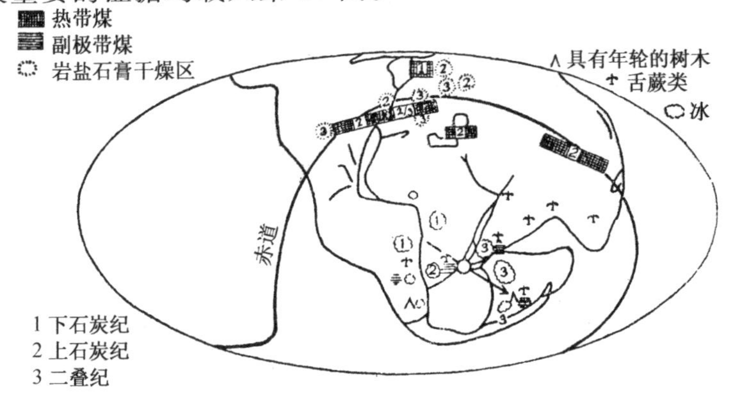

第 17 图　二叠石炭纪时的气候证据

① L. 瓦根：《我们的地球》(*Unsere Erde*)第 437 页，慕尼黑德国出版社(Allg. Verl. -Ges.)新版。

② H. 格尔兹：《大战期间阿根廷地质研究的发展》(*Die Fortschritte der geologischen Forschung in Argentinien und einigen Nachbarstaaten während des Weltkrieges*)，载 1921 年德国《地质杂志》第 74—87 页。

③ 克洛斯(H. Cloos)：《南非洲的地质考察，Ⅲ，开普地区的前石炭纪冰川现象》(*Geologische Beobachtungen in Südafrika. Ⅲ. Die vorkerbonischen Glazialbildungen des Kaplandes*)，1916 年德国《地质杂志》第 6 卷第 7/8 期。

让我们先考察一下舌蕨类植物的分布。这类植物的气候特征有各种不同的说法，有人说它是极地苔原植物，有人说它是温带植物。一般都认为它生长于比下述石炭纪热带植物较为寒冷的气候环境中。但据我看来，若进一步认为它是苔原植物，能在当时的树木线以外生长，也不致大错①。当然，那时的树木线不一定具有和今日同样的温度，今日的树木线是和最热月10℃等温线相符合的，其符合的确切程度乍看起来实在令人吃惊②。但这是不难理解的，因为树木高耸在地面上，生活于气象学上测量的空气温度中；苔原植物则不然，它们贴近地面，利用着较高的土壤温度以及日夜被阳光照耀着的地表空气温度，因此虽同为年平均10℃，苔原植物却比乔木具有较长的生长期而能在高纬度生长，直到极地附近。石炭纪的树木线也一定起着同样的作用，即使当时各个极不相同的属种可能另有别的温度限界。当时的这个"极地"植物区系出现在今日南半球各大陆的地层中，通常有一部分位于冰碛物之上，有一部分位于冰碛物之下，正和欧洲冰期的间冰层情况一样。这个植物群又有伸展到冰川界限以外的，在克什米尔、喜马拉雅山东部以及中印半岛和婆罗洲(今加里曼丹——译者)都有发现，是为意料中事。

那时相当于柯本雪林气候的具有年轮的树木，据我所知仅见于两处，一处是澳洲的新南威尔士(New South Wales)，一处是福克兰群岛(为哈勒〔J. Halle〕所发现)。

最后，当时的南极地区也有过煤层，它和舌蕨类植物有密切

---

① 在格陵兰至今还有蕨类植物生长在冰缘地区，但今日南半球的树蕨界限是在30—50°S之间。"树蕨生长的最南点是塔斯马尼亚和新西兰的南岛和北岛的奥克兰(Auckland)。在巴西南部的施氏蚌壳蕨(Dicksonia sellowiana)和巨桫椤(Alsophila procera)伸展到圣保罗，在阿根廷北部则伸展到密西昂奈斯(Misones)；在开普省，好望角半体桫椤(Hemitelia capensis)为树蕨向南发展的最终站"〔参考罗伯特·波托尼(Robert Potonié)《从古植物学透视古气候学》(*Paläoklimatisches im Lichte der Paläobotanik*)一文，1921年6月26日《自然科学周刊》(*Naturw. Wochenschr.*)第383页〕。

② W.柯本：《树木界线与气温》(*Baumgrenze und Lufttemperatur*)，载1919年《彼得曼文摘》第201—203页。

的联系，且大都直接位于二叠石炭纪冰碛之上。煤层分布在阿根廷(下石炭纪)、南非、德干高原与澳洲。我们认为这种煤层显然是由当时副极带泥炭沼泽形成的，完全相当于欧洲(还有火地岛)第四纪及后第四纪的泥炭沼泽。

但是和横亘在北美、欧洲与亚洲(中国)产量丰富的大煤田带比较起来，这种泥炭煤是不很重要的。北半球大煤田中保留下来的植物，按波托尼(H. Potonie)的研究①，应是热带产物，因为它们生长快、叶面大、不具年轮、与今日的热带植物有亲缘关系、树蕨与藤本植物多，以及有茎上生花现象(芦木属、某种鳞木、封印木和今日热带植物一样在茎干上开花)等。几年以前，拉曼(E. Ramann)、F. 弗勒希等很多人以为泥炭的形成和低温有关，热带地方分解作用强是不可能生成泥炭的。在赤道多雨带中还没有发现新成泥炭的时候，有这种想法是很自然的，但自从苏门答腊东部甘巴河(Kampar River)北岸发现了大泥炭沼泽以后，这个说法就显得是错误的了。这个沼泽由于被水浸淹，隔断了氧化作用的空气，阻碍了分解而形成了泥炭。此后，又在锡兰(今斯里兰卡)及赤道非洲陆续发现了泥炭沼泽，于是以往对于煤田的热带性质的热烈争论可以认为是已有定论了。如第17图所示，大煤田恰好位于距当时冰川中心约90°的大圆圈上。只有用大陆漂移学说，这个问题才能得到圆满的解决。把第17图和第18图比较一下，就可明白。就像第三纪初期的赤道一样，石炭纪时的赤道地方也分布着褶皱山带(即D. 克莱希高尔所谓的煤环)，它必然给形成沼泽提供了特别优越的条件，因而形成了大煤田。但应该注意的是，D. 克莱希高尔的褶皱带在北美和澳洲都走离“煤赤道”很远，而在南美洲则褶皱带与赤道直交，也不存在这个赤道山系，赤道的位置也和气候证据不符合。

---

① H. 波托尼：《大煤田泥炭的热带沼泽性质》(*Die Tropensumpfflachmoornatur der Moore des productiven Karbons*)，载1909年柏林《普鲁士地质研究所年报》第33号第1卷第3章。斯特勒姆(H. Stremme)的《关于热带沼泽》(*Über tropische Moore*)一文，载1905年《Gaea》第45卷第11期。

拿第18图和按大陆漂移学说的观点而绘制的第17图相比较，就可以清楚地看出，只有在第17图上才能把赤道雨林真正表示出来。

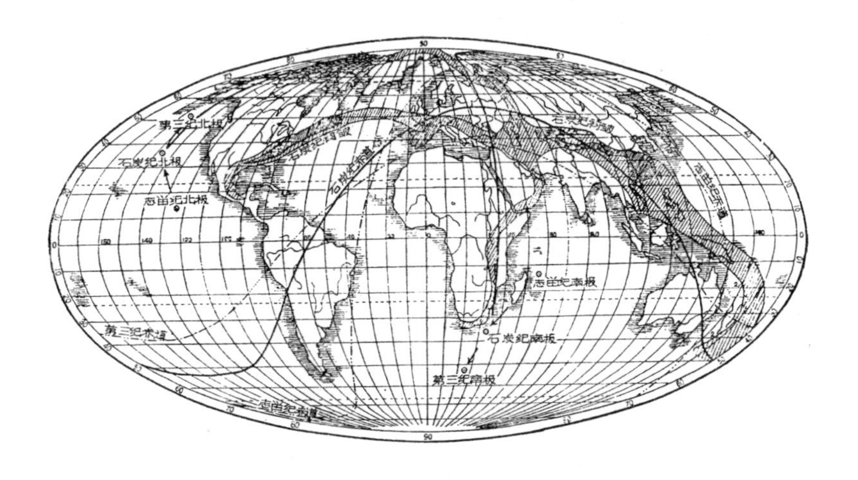

第18图　石炭纪褶皱和赤道位置(克莱希高尔)

这个大煤田的形成的年代顺序和从冰碛层推定的南极位置是协调的。石炭纪的热带煤田也在斯匹次卑尔根岛发现，据安德逊(Andersson)的估计，它要占该岛煤藏总量的2/3以上。但这个煤层是下石炭纪的(根据库尔姆〔Culm〕)，它位于与多哥兰、刚果、巴西冰川痕迹(其形成亦属下石炭纪)相距约90°的地方，其中植物化石和格陵兰东北81°N处及梅耳维耳岛(Melville Ⅰ.)上一样都是热带性的。以上所述仍限于下石炭纪时代赤道多雨带的问题。另一方面，主要大煤田带的形成则为时较晚。中国煤田的形成年代[①]一部分在下石炭纪(山东及川南煤田)，一部分在上石炭纪(祁连山北坡)，一部分在二叠纪(山西、河北及东北诸省)，甚至还有一部分在三叠纪(湖南)。欧洲的下石炭纪煤田向南伸延到苏格兰、开姆尼兹(Chemnitz，今马克思城——译者)和莫斯科。中石炭纪煤田延伸到布列塔尼和上西里西亚，

① F.弗勒希：《世界的煤藏》(*Die Kohlenvorräte der Welt*)，载1917年《现代财政与政治经济问题》(*Finanz- und Volkswirtschaftl. Zeitfragen*)第43期，斯图加特出版。

上石炭纪煤田延伸到奥佛尼(Auvergne)、巴登(Baden)、勃伦纳(Brenner)和累巴赫(Laibach,今卢布尔雅那——译者)。在法国、图林吉亚(Thuringia)、萨克森和波希米亚,甚至于二叠纪(仅见于紧接石炭纪的下二叠纪)地层中也有煤田。欧洲煤田主要是上石炭纪的,在那里可以看到成煤年代的从北向南的变动,就像在北美洲所看到的那样(从新不伦瑞克到弗吉尼亚为下石炭纪,从俄亥俄到阿拉巴马为上石炭纪)。但到了中二叠纪,煤田区出现了干燥地区的特征。这样,我们就看到,成煤带是从斯匹次卑尔根岛(下石炭纪)向中欧(上石炭纪和下二叠纪)移动的。在上二叠纪地层中找不到任何煤田。

从煤的分布推断出来的赤道多雨带的移位,又为下述北半球干燥地区的同样移位所巧妙地核实,而干燥地带的移位可以由岩盐和石膏的沉积层来表明。[①] 一方面是上二叠纪地层中没有煤,一方面则是下石炭纪地层中没有岩盐。岩盐与石膏最早见之于煤田带以北的东乌拉尔的上石炭纪地层内;又已见之于纽芬兰,那里的岩盐和石膏位于煤层之上,沉积发生在煤层以后。根据森帕尔的看法,上石炭纪时斯匹次卑尔根岛上已具有干燥气候,可见干燥气候是紧接成煤时期而出现的。但最大的岩盐与石膏沉积层最初发生在不见煤层的二叠纪(实际上是上二叠纪)时期,例如俄罗斯东部、德国北部、阿尔卑斯山南部和美国等地。这样看来,当时岩盐的形成也是追随着成煤地区从北向南推进的,即从斯匹次卑尔根(下石炭纪)移向南阿尔卑斯山区(上二叠纪)。当然,我们这里所讨论的无疑是北半球的干燥区域。

上面我们仅谈到这时期内较为重要的气候证据,应当承认,在大陆漂移学说的基础上,这些证据是具有很大的逻辑一致性

---

① 岩盐层的资料对古气候的研究极为重要。这个资料是波希曼(J. O. Freiherr von Buschmann)所提供的,见其所著《岩盐》(*Das Salz*)一书第2卷,1906年莱比锡出版。可惜他所提供的地质资料的年代常不完全。

的。较为次要的证据还很多，在这里不能一一引述。但直到现在为止，所有次要的证据也毫无例外地可以切合这个图案。兹举二三例来说明。据A.汉德勒希的研究，下中石炭纪时的昆虫的翼长达51毫米，在上石炭纪与二叠纪时只有17—20毫米长。这和下石炭纪时赤道位于最北、二叠纪欧洲位于北方干燥带的事实恰好符合。再者，下石炭纪时珊瑚礁不仅见于坎塔布连(Cantabria)和卡尔尼克阿尔卑斯山(Carnic Alps)，也见之于比利时、英国和爱尔兰。中上石炭纪的珊瑚则见之于北美洲(印第安纳、伊利诺斯及阿拉巴马为中石炭纪，堪萨斯到得克萨斯为上石炭纪)。[①]

另一方面，帝汶岛的二叠纪地层中仅含有个别的珊瑚化石，并不形成暖水的珊瑚礁。

据H.格尔兹的研究，乌拉圭与巴西南部在二叠纪时温度剧升，已出现过中龙科(Mesosaurus)动物，并在页岩中夹有石灰岩和白云岩层，证明其时有过暖水。北美西部的二叠石炭纪"红色层"也和我们的图案十分切合，因为红色层显然是属于北方干燥带的荒漠区的。非洲的大部分从石炭纪的温暖湿润气候转变为二叠纪的南方干燥带，也和S.帕萨格的结论符合。帕萨格为了解释非洲今日的地表形态，曾假定在中生代时其地有一个长期的荒漠气候。[②]

为了便于比较，让我们看一下石炭纪以前泥盆纪时代的气候分布(但必须注意，由于石炭纪的褶皱山系没有抹去，我们的地图是不正确的)。前面已经说过，下泥盆纪的冰川作用痕迹曾在南非洲找到过，而北方荒漠带的证迹则见之于北美洲、格陵兰、斯匹次卑尔根岛及北欧的老红色荒漠层(第四章"地质学的论证"中已提到过)。北美洲及波罗的海沿岸地区的老红层中含

---

① 阿尔特脱：《古地理学》(*Paläogeographie*)第2卷，1921年莱比锡出版。

② S.帕萨格：《热带非洲的岛山景观》(*Die Inselberglandschaft im tropischen Afrika*)，1904年《自然科学周刊》N.F.3，第657页。

有岩盐与石膏，足以证明它是干燥带的沉积。由此可见，下泥盆纪时代的赤道必和上石炭纪时具有相同的方位。艾弗尔（Eifel）的诺因基尔亨（Neunkirchen）的泥盆纪煤田也就将属于赤道多雨带，而英国、比利时、法国南部、德国西北部、西里西亚和阿尔卑斯山的泥盆纪珊瑚礁也可以这样来看待。非洲的大部分（下努比亚砂岩区）与巴西，则位于南方干燥带内。这里我们不再作进一步的细谈了，因为我们找到了石炭纪与二叠纪时的地极位置后，以上所述已足够说明它和泥盆纪时地极位置的联系。

二叠石炭纪时代的一切气候证据，既已为当时的气候带描绘出如此真实的图案，那么地极的位置及其移动方向的见解自属不可否认的了。这样，这些证据也就为大陆漂移学说的正确性提供了强有力的证明。

上文的所以专就石炭纪来讨论，是因为石炭纪时代所显示的大陆漂移事实最为简单明了。我们把地球的历史追索得愈远，大陆的位置比今日的位置就变动得愈大，大陆漂移学说的作用也就愈显著。并且，石炭纪是大陆漂移研究资料较为丰富的最古时期，因此我们从地极位置研究方面所获得的大陆漂移的指标，也随着时代的前进而减少其重要性。倘若我们能全面地分析一切例证，那么我们一定也能够决定以后各时期直至第四纪的气候带位置，像二叠石炭纪一样地彻底，并且能够发现大陆漂移学说解决每一个问题时会有多么良好的成果。但这项工作还没有人详细地做过，著者希望在不久的将来能和 W. 柯本合作写出另一本书来，来完成这项工作[①]。根据最重要的气候证据作出的最初步的研究成果，在本书第二版中曾有详细的介绍，这里仅就这项工作成果在性质上的一般概念再说一下。当然，拟议中的进一步的全面研究会对下述数据作些更动，但估计决不至于有重大的出入。若把非洲作为固定点，则南北极的位置和

① 这项工作后来就完成了，即 W. 柯本与 A. 魏格纳著《古代地质时期的气候》(*Die Klimate der geologischen Vorzeit*)，柏林 Borntraeger 书局出版。

今日坐标系统的关系将如下表所示：

下表最后一栏表示今日德国(50°N)在地质年代中纬度位置的变动，这由下面的第19图来说明。

地质年代	北极		南极		德国
	纬度	经度	纬度	经度	纬度
近代	90°N	/	90°S	/	50°N
第四纪	70°N	10°W	70°S	170°E	69°N
上新世	90°N	/	90°S	/	54°N
中新世	67°N	172°W	67°S	8°E	37°N
渐新世	58°N	180°W	58°S	0	29°N
始新世	45°N	180°W	45°S	0	15°N
古新世	50°N	180°W	50°S	0	20°N
白垩纪	48°N	140°W	48°S	40°E	19°N
侏罗纪	69°N	170°W	69°S	10°E	36°N
三叠纪与二叠纪(平均位置)	50°N	130°W	50°S	50°E	26°N
石炭纪	25°N	155°W	25°S	25°E	3°S
泥盆纪	30°N	140°W	30°S	30°E	15°N

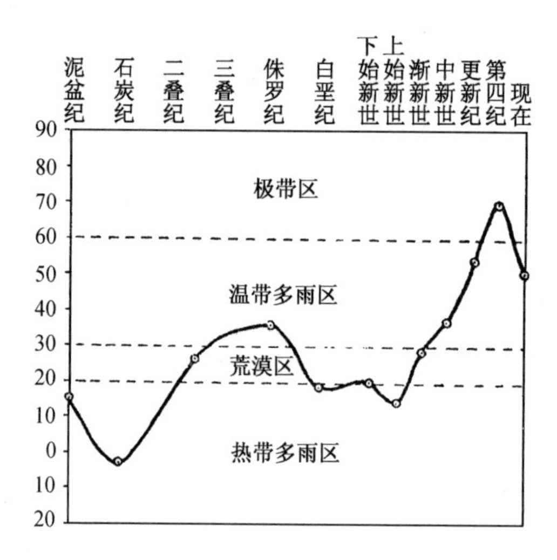

第19图　地球历史上中欧的纬度位置

最后，我们简略地谈一谈北欧及北美的第四纪冰川有关大陆漂移学说的一些例证。第20图表示按大陆漂移学说两大陆

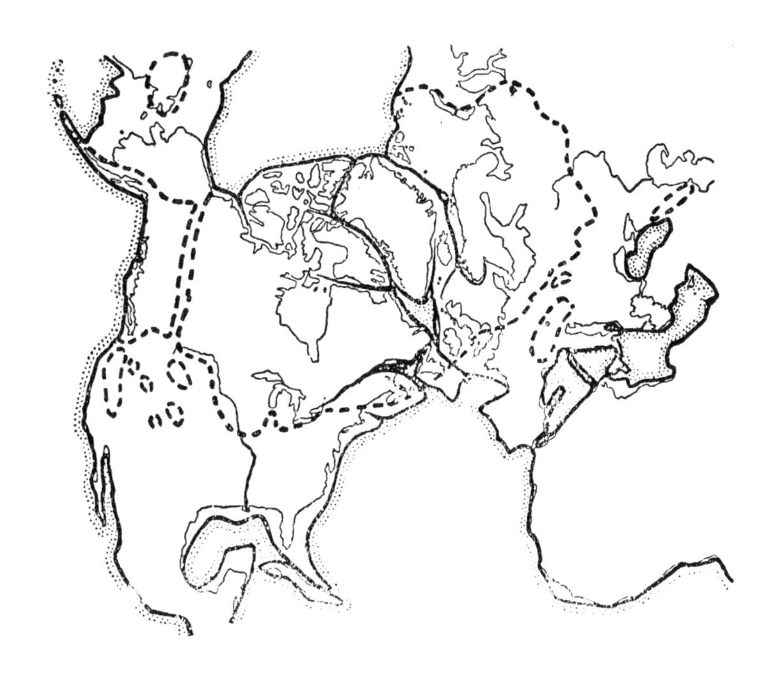

第 20 图　大冰川时期大陆块的复原

在第四纪初期相互并合的情况。两大陆的分离可能是在最大冰期或较前一些时候发生的。无论如何，在冰川最大的时期中两大陆间的距离是不大的。另一方面，在冰川末期两大陆必已显然分离。这个结论是从挪威西部海岸向西倾斜而来的。我们已经看到欧洲和北美洲的终碛带恰好接合。最有兴趣的是，按照大陆漂移学说的见解，整个冰川面积要大为缩小。不管冰期的成因问题怎样棘手，总得承认大陆漂移学说对这个问题不是增加了困难，而是使之更为简单了。现在再谈谈另一个有趣的第四纪冰川现象。按 A. 彭克的研究，塔斯马尼亚的第四纪雪线要比新西兰的雪线低 500—600 米，而两地今日几处于同一纬度，所以就很难理解了。大陆漂移学说就能摆脱这个困难，因为按照这个学说，塔斯马尼亚当时是远远位于新西兰之南的。

第 7 章

大地测量学的论证

在具有同样深远思想的各种学说中，大陆漂移学说的特具优点是它可以被准确的天文测量所证实。如果说大陆漂移是在漫长时间内一直在进行的，那么应该认为它在今日还在继续移动。剩下来的问题是，这种移动的速度是否快到能在不长的时间内为天文测量所察觉。为了获得这个问题的决定性的意见，我们必须先行探索地质时代的绝对年龄问题。大家都知道，地质时代的绝对年龄虽不很确实，但一般说来不至于不能用来回答我们的问题。

自最后一次冰期到现在的时间过程，A. 彭克从阿尔卑斯山的研究来估计为 5 万年；斯坦因曼（G. Steinmann）则估计为至少 2 万年，至多 5 万年。A. 海姆从最近的瑞士研究以及美国冰川地质研究所作的估计仅为 1 万年。米兰科维奇（Milankovitch）用数学方法得出从最后冰期的最冷气候到现在为 25000 年，从间冰期的温和气候（瑞士地质学者主张有此时期）到现在为 1 万年。祁尔用计数土壤层次的方法断定退缩的冰缘在 12000年前经过休纳恩（Schonen），而在 14000 年前还位于梅克伦堡（Meklenburg）。上述许多数字出入不大，已能满足我们的要求。

对于较老的地质时期，沉积层的厚度可以用来估计其形成的年龄，例如曾得出第三纪的年龄为100万到1000万年，[①]但最为可靠的是用物理学方法计算岩石的含氦量来估计年龄。氦是由放射性物质蜕变形成的，一般用锆硅石晶体来测量，含氦量是由其中铀的分裂而产生的。R. 斯特罗特用这个方法计算出渐新世的年龄为840万年，始新世为3100万年，石炭纪为15000万年，太古代为71000万年。科尼斯伯格尔(J. Königsberger)曾校正过R. 斯特罗特的计算值[②]，并通过地层的观察确定了其他地质时代的年龄。兹根据J. 科尼斯伯格尔及一些前人的材料，列地质时代年龄表如下：

自古生代初迄今	50000万年
自中生代初迄今	5000万年
自第三纪(下始新世)初迄今	1500万年
自始新世初迄今	1000万年
自渐新世初迄今	800万年
自中新世初迄今	600万年
自上新世初迄今	200—400万年
自第四纪初迄今	100万年
自第四纪后期迄今	1—5万年

有了上述数字的帮助，根据大陆移动的途径，我们就不难得出预期的大陆的年移距值。可惜由于大陆块分离的时期只能是一个粗略的估计，所以所得的数值是很不可靠的。这里的很多数字将来一定会得到改正。兹列著者计算的数值如下表：

---

① E. 达斯克：《古地理学的理论基础与方法》第273页，1915年耶拿出版。又M. P. 鲁兹基：《地球的年龄》(*L'Âge de la Terre*)，1915年《科学》(*Scientia*)杂志第13卷第28期第2号，第161—173页。

② J. 科尼斯伯格尔：《根据物理学方法计算地球的年龄》(*Berechnungen des Erdalters auf physikalischer Grundlage*)一文，1910年德国《地质杂志》第1卷第241页。

移 动 路 程	移动距离（千米）	分离后迄今的年数（万年）	年移距值（米）
萨宾岛—熊岛(Sabine—Bear)	1070	5—10	11—21
冰岛—挪威	920	5—10	9—18
费尔韦耳角—苏格兰	1780	5—10	18—36
费尔韦耳角—拉布拉多	790	5—10	8—16
纽芬兰—冰岛	2410	200—400	0.6—1.2
圣罗克角—喀麦隆	4880	2000	0.2
布宜诺斯艾利斯—开普敦	6220	2500	0.2
巴塔哥尼亚—南桑德韦奇群岛	2390	200	1.0
马达加斯加—非洲	890	10	9.0
印度—南非	5550	1500	0.4
塔斯马尼亚—威尔克斯地(Wilkesl Land)	2890	800	0.4

从上表可见，格陵兰与欧洲间的距离变化最大。这里的移动是东西向的移动，因此两地在移离过程中天文位置将表现为经度差的增加，而非纬度差的增加。

格陵兰与欧洲间经度差的增加实际上已有人注意过。J. P. 科赫在丹麦考察队报告[①]第6卷“北格陵兰的向西方漂移”一章（共16页）的“关于东北格陵兰的调查”的一节里（即该报告第6卷第240页），曾比较了萨拜因（Sabine，1823）、博尔根（Börgen）与柯贝兰（Copeland，1870）和科赫（1907）自己等人的经度测定值，因而得知经度差随着时间的推移而增加，即相当于格陵兰东北与欧洲间的距离的增加：

1823—1870年间共移动了420米，即每年移动9米，

1870—1907年间共移动了1190米，即每年移动32米。

纬度的测定不是完全在同一地点进行的。萨拜因的观察工作是在萨宾岛的南岸进行的，遗憾的是对萨拜因的具体观察地点还有些不明确（虽然关系不大），如能再去核对一次，这个缺点就可消除。博尔根和阿贝兰在同一地区但稍偏东100米处进行

① 1906—1908年格陵兰东北海岸的丹麦考察队是由莫留斯·爱里孙（L. Mylius-Erichsen）所领导的。J. P. 科赫参加了这个考察队。报告共分6卷，1917年哥本哈根出版。

了观察。J. P. 科赫的观察是在更北的日耳曼地(Germania Land)的丹麦港(Danmarkshafen)进行的,而以三角网和萨宾岛连接着。科赫精心地注意了这个连接中所可能产生的误差,故其成果的误差和经度测定所可能产生的较大误差相比较,实在小至可以不计。由于上述三人的成果都是通过观测月球取得的,其准确度必然比用无线电报法测定经度要差。从比较每组观测所得数字而计算出来的平均误差值上,可以大致看出其准确度。其平均误差值为

在1823年……………………………约124米

在1870年……………………………约124米

在1907年……………………………约256米

假如我们把平均误差值和观察到的经度变化值相比较,我们就可以看到经度变化值要大得多。据此,J. P. 科赫下了如下的结论:"从上看来,丹麦探险队与德国探险队所测定的存在于赫斯塔克(Haystack)的位置间的1190米之差,若用上述发生的误差(不论是绝对误差值还是平均误差值)来解释,是不足以说明的。这里所能产生的唯一误差来源只是经度的天文测量。但若要以经度观察的误差来解释这个差数,那么我们必须把经度的天文测量实际误差增大到平均误差的四五倍。这是完全说不通的。"但波尔梅斯特(F. Burmeister)反对此说[①],他认为假如观测的次数无限,平均误差只是形成差数的部分原因,而在这里,计算的差误就可能达观测差数之巨。因此,他并不认为J. P. 科赫的论证是充分的。即使F. 波尔梅斯特的说法在理论上是对的,即我们不能信赖所得的成果,而应当试用无线电报法来求得新的更为准确的测定,我仍然相信F. 波尔梅斯特的批评是过火了。假如准确的数量证据要等待更准确的测定,则J. P. 科赫也还是发现这个坐标变化的先驱者。

---

① F. 波尔梅斯特:《从天文经度测定论格陵兰的移动》(*Die Verschiebung Grönlands nach dem astronomischen Längenbestimmungen*),1921年《彼得曼文摘》第225—237页。

如前表所示，在费尔韦耳角方面，可期望有更大数值的移位。在冰岛方面，在5—10年中也可断定其确有位置的移动。

关于欧洲、北美间经度差的测定，情况并不怎么顺利。如前表所示，每年可期望增加1米的距离，但这个数字是从纽芬兰离开爱尔兰以后的平均值，其后北美的移动则似由于冰岛的分离而改变了方向。而目前看来，确是在向更南的方向移动。这可从拉布拉多与西南格陵兰海岸两个对应点的目前相对位置看出来，并由旧金山地震断层的移动方向（将于下文详述）以及加利福尼亚半岛的初期皱缩所证实。因此，很难说定目前经度增加量的大小。但无论如何总不会超过每年1米之数。我曾根据1886、1870及1890年用横断大西洋的海底电线所获得的经度测定，断言过每年实际距离约增加数米。但根据加勒（Galle）的研究[①]，用这个方法测定的数值不能准确地进行组合。在大战前不久，关于这方面的新的经度测量已在进行中，而这个测量也用无线电测量来控制。虽然此项工作由于战事发生、海底电线割断而中止了，其结果自不能达到预期的准确，但看来其间的经度变化数值很小，甚至很难确切察觉。美国的坎布里奇与英国的格林尼治之间的经度差实际上如下表所示[②]：

在1872年……………………………4时44分31.016秒

在1892年……………………………4时44分31.032秒

在1914年……………………………4时44分31.039秒

1866年的最老测定数为4时44分30.89秒，因为太不准确，所以省去了。当然我们很希望能进行一次新的完善的经度测定，但也必须预计到测定结果可能仍然反映移动的距离是很小的，小到不能确切察觉的程度的。

---

① 加勒：《欧洲和北美洲相互移开么？》（*Entfernen sich Europa and Nordamerika von einander?*），1916年《德国论评》（*Deutsche Revue*）2月号。

② 参考《普鲁士大地测量局年报》（*Jahresber. d. preusz. Geodät. Instituts*），《天文学会季刊》（*Vierteljahrsschr. d. Astron. Ges.*）第51卷第139页，以及《天文学杂志》（*Astronomical Journal*）第673/674号。

但北美的移动也可能从测定它对格陵兰的相对纬度变化来确定。马达加斯加岛与非洲之间也有可能存在纬度上的变化，可经反复观察在不长的时间内来测定其变化值。

最后，还应提到欧洲和北美洲的天文台在地理纬度上的变化。A. 霍尔(A. Hall)认为下列纬度的减低值是已被证实了的[①]：即华盛顿在18年中减低了约0.47秒，巴黎在28年中减低了1.3秒，米兰在60年内减低了1.51秒，罗马在56年内减低了0.17秒，那不勒斯在51年内减低了1.21秒，哥尼斯堡(普鲁士)在23年内减低了0.15秒，格林尼治在18年内减低了0.51秒等。根据科斯丁斯基(Kostinsky)和索科洛夫(N. A. Sokolow)的观察，普耳科沃天文台的纬度也有逐年降低的情形。但自从发现了各天文台内有室内折光差以来，这些大小近似的一系列差误都被归咎于由此项误差所致的了。同时，相信欧洲与美洲的国际纬度观测确实说明纬度上有变化的人，近来却愈来愈多。但必须指出：这种变化目前似又表现为纬度在增大，而不是在减低。[②]

---

① 君特(S. Günther)：《地球物理学教程》(*Lehrb. d. Geophysik*)第1册第278页，1897年斯图加特出版。

② 兰伯特(W. D. Lambert)：《乌开的纬度和极的移动》(*The Latitude of Ukiah and the Motion of the Pole*)一文，载1922年《华盛顿科学院杂志》(*Journ. Wash. Acad. Sci.*)，第12卷第2期。

人类对海陆变迁的认识大概可以追溯到古希腊、古代中国和阿拉伯世界，其共同的特征是把陆地高山上岩层中所含的化石，作为"沧海桑田"海陆变迁的证据。古希腊的色诺芬尼（Xenopnanes）在远离海的山上发现了贝壳化石，提出化石是海生动物被大水夹带泥沙一起冲到陆地上堆积而形成的，进而提出海陆变迁的思想。古希腊亚里士多德就认为"陆地和海洋的分布不是永恒的"，海陆变迁是按一定的规律在一定时期发生的。中国晋代葛洪所著的《神仙传》则载有"东海三为桑田"的故事。这些都说明当时人们对海陆变迁有了初步的认识。

喜马拉雅山脉

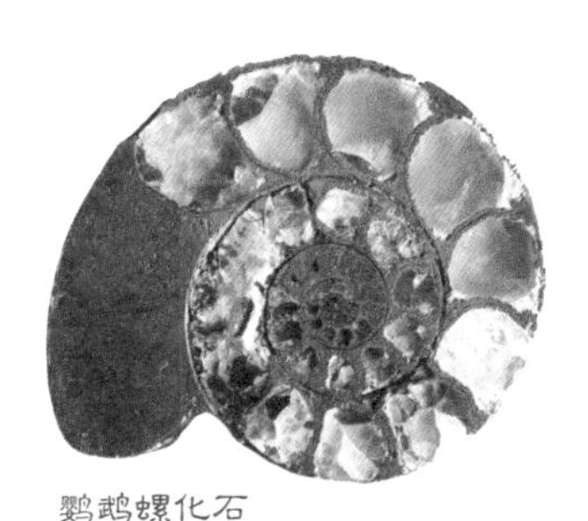
鹦鹉螺化石

鹦鹉螺生活在早泥盆世至白垩纪末时海洋中

三叶虫化石

人们在喜马拉雅山发现了古代海洋生物的化石，这说明喜马拉雅山区在地质时期曾经是海洋。造成这种桑田变沧海的原因是地壳的运动或海平面的升降。

三叶虫生活在寒武纪初期至二叠纪末的海洋中

托勒密（Ptolééme，90—168）

地图的产生和发展，进一步促进了人们对于海洋和陆地的起源的认识。

公元前6世纪上半叶米利都派哲学家阿那克西曼德（Anaximandre），绘制了最早的世界地图。这张图迅速得到广泛的传播。在此之后，攸多克索（Endoxe）、迪西亚库（Dccéarque）、埃拉托色尼（Eratosheéne）和托勒密等著名地图学家对地图的发展都作出了重要贡献。托勒密的世界地图已经采用了经纬线。

1492—1502 年哥伦布四次横渡大西洋，发现了美洲大陆。1498 年英国航海家们勘察过大西洋海岸线，1524 年之后，法国探险者测绘了加拿大的大西洋沿岸地图。16 世纪世界地图开始出版，大陆东西海岸拟合现象的事实已经引起人们的注意。1519—1521 年麦哲伦环球航行验证了世界轮廓图。

绘画　麦哲伦船队经过麦哲伦海峡

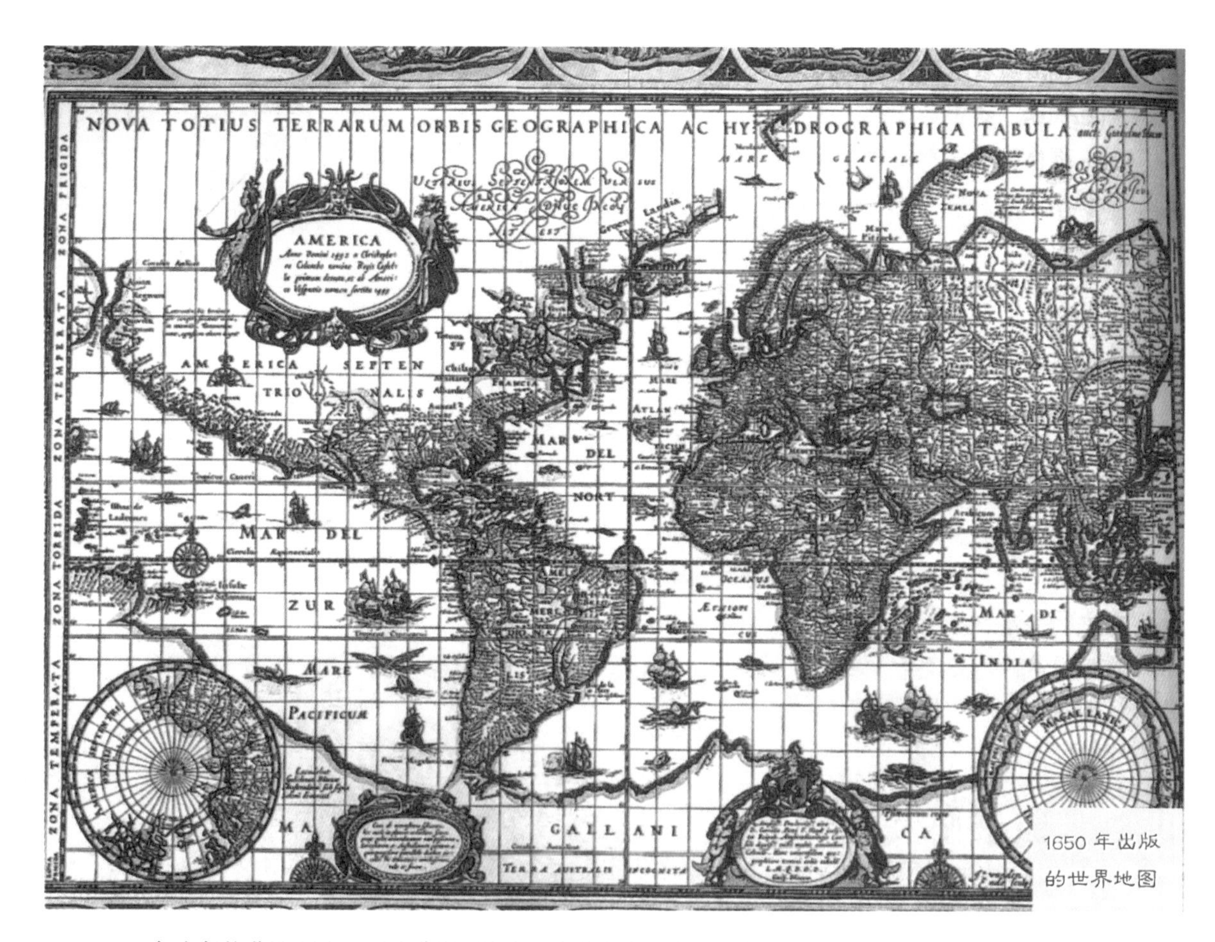

1650 年出版的世界地图

1650年出版的世界地图，显示出非洲西海岸和南美洲东海岸的吻合性。

1620 年，英国哲学家和科学家培根发现，在地球仪上南美洲东岸同非洲西岸可以很完美地衔接在一起，他认为这不大可能是偶然的巧合。1658 年，法国普拉塞认为，南美洲和非洲曾一度相连而后来分离开了。1801年，洪堡(Alexander Von Humboldt)及其同时代的科学家们提出，大西洋两岸的海岸线和岩石都很相似。19 世纪中期，斯奈德-佩利格里尼根据欧洲和北美洲的煤层中植物化石的雷同，绘制出石炭纪古地理图，表明在煤层形成时期，欧洲和北美洲连接为统一的大陆，后来才分离开。20 世纪初期，美国泰勒和贝克在研究世界山脉的分布时，几乎同时得出大陆位移的结论。但这些都处于定性的描述阶段。在 19 世纪中期至 20 世纪中期，固定论一直占统治地位。

魏格纳在 1915 年出版的《海陆的起源》中，系统地阐述了大陆漂移学说，开创了地球科学史的一次革命。

大陆漂移学说的核心思想是：在中生代初期，现在地球上的所有大陆和岛屿是连接在一起的一个庞大的联合古陆，魏格纳称之为泛大陆(Pangea)，周围的海洋称为泛大洋(Panthalassa)。从中生代开始，这个泛大陆逐渐分裂、漂移，一直漂移到现在的位置。

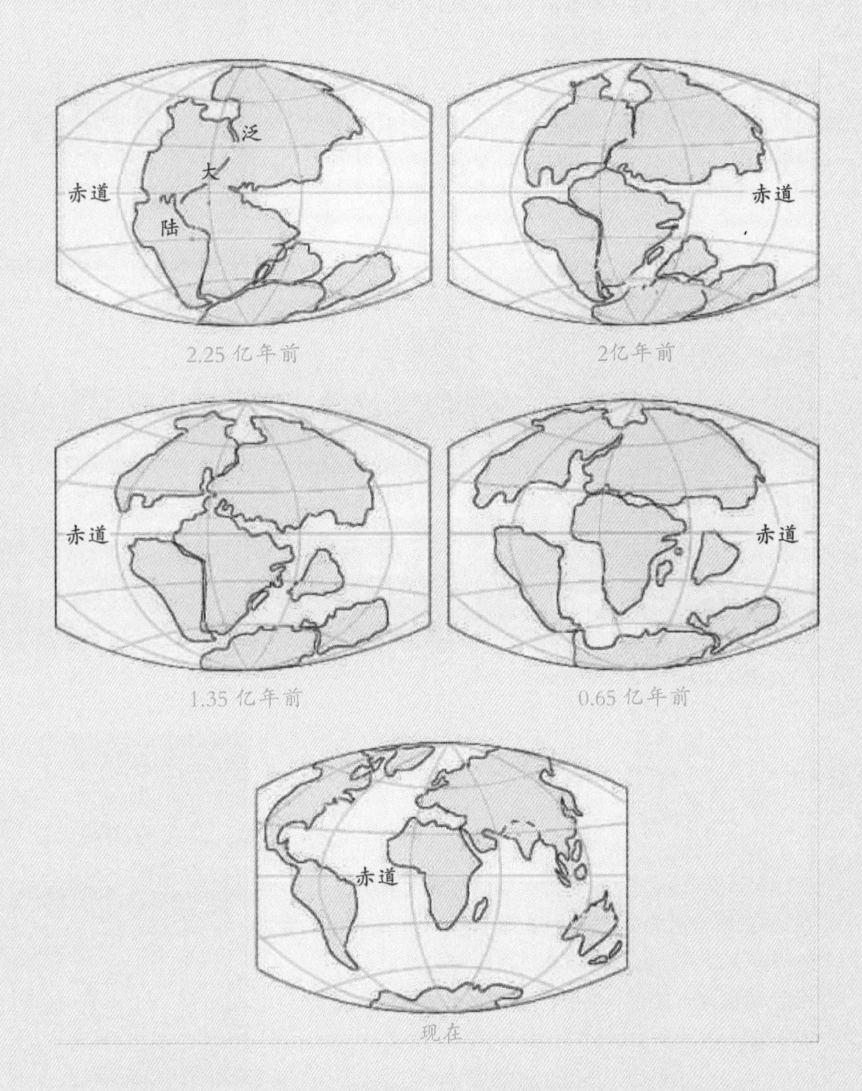

亚马孙河俯瞰图

在拼合南美洲和非洲时,需把南美洲略加旋转,同时亚马孙河的流向将和尼日尔河的流向变得完全平行。这一事实有力地证明了两个大陆曾经联合过，大西洋是一个扩大了的裂隙。

在北大西洋两岸的两块大陆,有一条非常大的古山系,被称为加里东山脉(Caledonide Mts)。如今在大西洋东岸的挪威看到的是山系的西段,这条山系通过爱尔兰以后似乎淹没在大西洋之下。可是在加拿大的纽芬兰则有一个古山系仿佛从大西洋里爬上来，它和欧洲的加里东山脉有许多相同之处。这个在北美出现的山系被称之为阿巴拉契亚山脉(Appalachian Mts)。魏格纳认为这两个古生代时期非常有名的造山带的地层从时代、岩性变化以及遭受的构造运动变化等方面都具有高度的一致性,说明它们曾一度相连。右图和下图分别是现在的阿巴拉契亚山脉和加里东山脉。

阿巴拉契亚山脉

加里东山脉

在地质学上，也有支持大陆漂移说的有力证据,如巴西与南非的沉积岩,在很长时期内未经褶皱的巨大非洲片麻岩高原和巴西片麻岩高原十分相似,两地的火成岩与沉积物以及古代褶皱方向完全一致。

片麻岩是具片麻状构造的变质岩

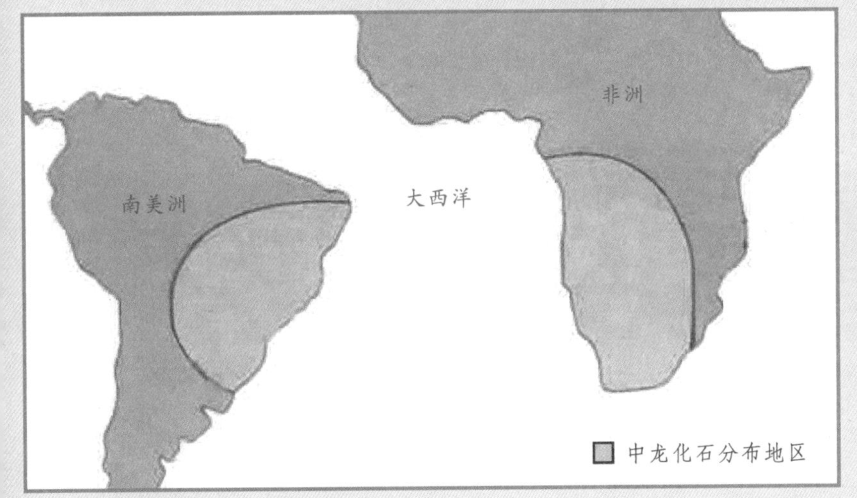

中龙化石分布图

在古生物学方面，也有很多证据。人们在南美洲和非洲都发现过中龙的化石。中龙是一半在淡水一半在咸水环境中生活的爬行动物，游泳能力很弱，不可能从南美洲游过浩翰的大西洋到达非洲。右图是中龙的一种多棘中龙。

多棘中龙复原图

舌羊齿复原图

舌羊齿（Glossopteris）是南方各大陆上普遍存在的大陆晚古生代地层中的一种古植物化石，很具代表性，在南美洲、非洲、印度、澳大利亚和南极地区普遍存在。

舌羊齿化石

犬颌兽复原图

犬颌兽在三叠纪中、晚期演化出一个分支，是进步的兽齿类与原始哺乳动物之间的桥梁。犬颌兽仅见于南美洲和非洲大陆。

犬颌兽头骨化石

水龙兽是爬行纲兽孔目缺齿亚目的一种,在水中生活,生活于约2亿年前的三叠纪初期,形似哺乳动物,身长约1米,四肢及尾均短,头骨高,头顶面与额鼻面之间成角度折曲,吻部弯曲向下,鼻孔位置很高。水龙兽的化石主要见于非洲、印度和南极洲,中国的新疆也有。

如果说这些大陆从形成以来就是处在今天这样的分离状态,那么这些陆生动植物和游泳能力很弱的动物如何可以跨越大西洋或者印度洋这样的天然屏障,而散布到不同的大陆上?魏格纳还注意到在北美洲和欧洲大西洋两岸的古生物地层中,存在许多非常相似的生物群。魏格纳得出两边的大陆曾经连接在一起的结论。

寒冷的极地气候景观

现今斯匹次卑尔根岛(北冰洋上的挪威属岛,在巴伦支海与格陵兰海之间)气候极为寒冷,为大陆冰川所覆盖,但考古发现在第三纪时该岛曾生长过种类比现今中欧还要丰富的森林:不仅有水松,还有菩提树、山毛榉、白杨、榆、枫、常春藤、野枣、榛、山楂等,甚至还有更为喜温的睡莲、胡桃、巨杉、银杏、木兰和葡萄等。可见斯匹次卑尔根的气候曾经非常温暖。假如追溯到更远的历史时期,我们可以找到更为温暖的标志。在侏罗纪及下白垩纪时,还有西米椰子(今日只见于热带)和树蕨等其他植物。

典型的温带气候景观

热带气候景观

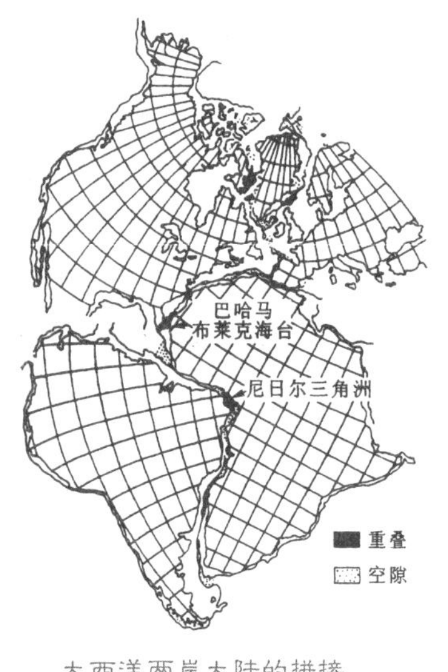

大西洋两岸大陆的拼接
（据布拉德，1965）

魏格纳没有解决大陆漂移学说的驱动力等问题，遭到固定论者的强烈反对，20世纪30年代，此学说便消沉下去了。直到20世纪60年代起，由于海洋科学和地球物理科学等迅速发展，获得大量的有利于大陆漂移的证据，使大陆漂移学说得以复活，这一学说才在地质学中赢得了它应有的地位。

1965年，布拉德（E.Bullard）等人借助计算机计算，发现无论用1000米还是2000米等深线拟合大陆边缘，结果差别不大。这进一步证实了魏格纳的泛大陆概念。

1960—1962年，美国地球物理学家赫斯和迪茨提出海底扩张学说。该学说对许多海底地形、地质和地球物理的特征都能做出很好地解释，特别是它提出一种崭新的思想，即大洋壳不是固定和永恒不变的，而是经历着“新陈代谢”的过程。

20世纪60年代末，美国学者摩根、英国学者麦肯齐和法国学者勒皮雄等人提出板块构造学说。认为整个岩石圈是由若干刚性板块拼合起来的圈层，板块内部是稳定的，而板块的边缘和接缝地带则是地球表面的活动地带。岩石圈板块是活动的，围绕着一个旋转扩张轴活动，以水平运动占主导地位。在飘移的过程中板块或拉张裂开，或碰撞压缩焊结，或平移相错。这些不同的相互运动方式和相应产生的各种活动带，控制着全球岩石圈运动和演化的基本格局。

1968年勒皮雄根据各方面的资料，首先将全球岩石圈划分成6大板块，即太平洋板块、欧亚板块、印度洋板块、非洲板块、美洲板块和南极板块。除太平洋板块几乎全是海洋外，其余5个板块既包括大块陆地，又包括大片海洋。

经历了长达60年的坎坷历程，发端于魏格纳的大陆漂移学说，极大地推动了传统地质学的研究和发展，开创了创新地质学的时期。

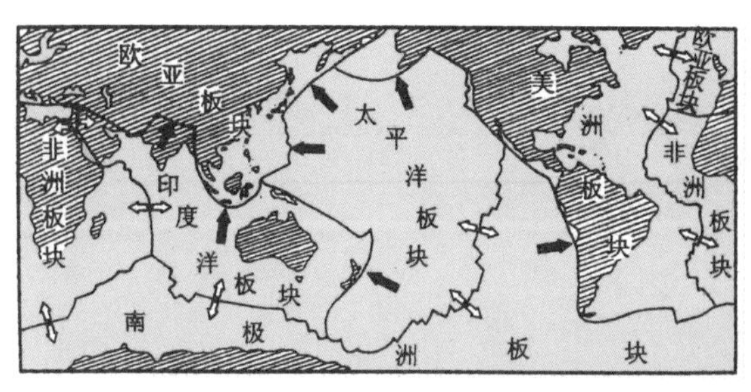

岩石圈板块划分（据勒皮雄，1968）

第三篇

解释和结论

·Ⅲ. *Elucidation and Conclusions*·

不论过去和现在，形成大陆漂移的动力问题一直是处在游移不定的状态中，还没得出一个能满足各个细节的完整答案。但有一点肯定是正确的：即大陆漂移、褶皱与断裂、火山作用、海进与海退以及地极的移动，其形成原因必然是相互关联的，表现在地球历史的某一时期中，这些运动总是同时增强的。其中只有大陆漂移这一运动的成因，除了内在的原因外，还受外在的宇宙因素的作用。

第 8 章

地球的黏性

在编写了上述各章有利于大陆漂移学说的主要论证以后，我们假定上述论证是正确的。在这个前提下，我们有必要对和大陆漂移学说主旨密切相关的一系列问题逐一进行讨论。许多问题可以温故而知新，还有一些事实虽不如前述许多论据那样可信，却可作为大陆漂移学说的旁证，在这里也想一并谈谈。

地球是否为一个黏性体或刚体，以及是怎样的一个黏性体或刚体的问题，目前地球物理学者讨论得很多。我们拟把这两个问题的论点分开来谈，先谈是否为黏性体的问题。这里牵涉到地壳均衡、大陆的移位、地极的移动以及地球的扁平度等现象。

大家知道，地壳均衡，即地壳各部分保持着平衡状态，是在广泛的范围内普遍存在的。地球外壳受骚动后在恢复均衡过程中发生垂直补偿运动，也已被公认为确切不移的事实。我们在第二章中已讨论过地壳均衡说，并举了斯堪的纳维亚与北美洲作为均衡补偿运动的例子；它们在第四纪时在大陆冰块的重压

◀ 中龙化石。

下曾分别沉降 250 米及 500 米，但是冰块消融后重又抬升了同样的高程。M. P. 鲁兹基[①]曾指出这不是一个弹性变形问题，因为要形成如此大小的弹性变形，其时大陆冰块非有 6—7 千米的厚度不可，这完全是不可想象的；他计算出的斯堪的纳维亚第四纪大陆冰块的可靠厚度为 933 米（按 G. 艾里的均衡说，以回升 250 米的幅度为准），北美大陆冰块的厚度则为 1667 米（以回升 500 米为准）。它们上升运动的缓慢，也证实必须考虑到流体运动的事实。今日斯堪的纳维亚仍是在 100 年中上升 1 米，虽然冰块消融后最高温度出现至今已达一万年了。近来 W. 柯本[②]指出了这样一种可能的解释，即这个在冰块重压下沉降的地区是被一个轻微上升的地带所包围，而周围地带的这种上升乃由于沉降陆块下面的硅镁层被挤出所致。这些现象当然非假定地壳具有黏性不可。

无论是地壳均衡所产生的垂直运动或是大陆的水平运动，都必须以地球的黏性为前提。关于这一点，前面已经充分讨论过，此处不需多讲。

第三个有关现象是地球历史上地极的移位。本书第四章中我们已求出了石炭纪时地极的位置，它们和今日的位置大不相同。我们当然不知道地极的移位是否影响到地球内部，或是如许多学者所推想的，只是地壳在移动。可能是地球内部和地壳都有移动。但无论如何，我们都得假定地球或地球的一部分是黏性体。地壳的移动也罢，相应于地球内部变动的地极的移位也罢，都需要一个黏性的地球。拉普拉斯指出地球如属刚性体，地轴即不能移动。他认为在这种情况下，地球的最大惯性轴稳固地穿越膨大的赤道面，纵使大陆有很大的移动或其他地质现象，也决不能使地轴发生任何显著的移位。同时，旋转轴即使有

① M. P. 鲁兹基：《地球物理学》第 229 页，1911 年莱比锡出版。

② W. 柯本：《波罗的海地区第四纪气候变迁与陆地演变》(*Dass System in den Klimawechseln und Bodenbewegungen des Quartärs im Ostseegebiet*)，1922 年《冰川学杂志》。

微小的欧勒(Euler)振动也仍然能保持其位置。假如地球是一个黏性体,那情况就不同了。克尔文说:“假如地球是黏性体,那么我们不仅得承认、并还可以断言:最大惯性轴和旋转轴常常是很靠近的,在远古时期它们离现在的地理位置可能很远,并逐渐以 10°、20°、30°、40°或更多的角度迁移着,任何时候都不会产生任何重大的海陆扰动。”[①]M. P. 鲁兹基也说:“要是古生物学者们根据某一地质时代的气候分布得出过去的旋转轴和今日的旋转轴完全不同的结论,那么地球物理学除接受这个见解外,别无他途。”[②]G. v. 夏帕勒利[③]曾根据三种情况研究了地极的移动问题,即:(1) 地球是刚性体;(2) 地球是液体;(3) 地球是有可能缓慢地适应于当时地极位置的物体(即黏性体)。在第一种情况下,当然会得到旋转轴是不变的结论。在第二种情况下,即地球如为液体,那么地极必极易变动,地极位置的每一变动均使地球体趋于扁平,因此惯性轴不再能保持其稳固性。这种情况下地极将移动得十分迅速,在地球历史上实从未有过。最后在第三种情况下,即承认地球为迟缓适应体的情况下,则只要转动地极的力不超过一定的限度,地球的性质将和刚性体一样,地轴只存在着犹如今日所观察到的欧勒运动。但如果转动力超过了这个限度(振动曲线半径超过一定限度),地极就会逸出其原来的位置,也招致距离广大的(即使是缓慢的)地极移动。这种移动在地球历史上是显然发生过的,所以我们可以断言,地球的性质就和黏性体一样。

地球是黏性体的最后一个证据是地球的扁平现象。在我们的测量的精确度所允许的范围内,可以判断出两极扁平的程度

---

① Sir W. 汤普森:《1876 年英国科学协会报告的数学物理部分》(*Report of Section of Mathematics and Physics, Report of British Association*, 1876),第 11 页。

② M. P. 鲁兹基:《地球物理学》,第 209 页。

③ G. V. 夏帕勒利(G. V. Schiaparelli):《地质作用影响下的地球的转动》(*De la rotation de la terre sous l'influence des actions géologiques*),《普耳科沃天文台成立五十周年纪念刊》(*Mém. près à lóbservatoire de Poulkova à l'occasion de sa fête semiséculaire*)第 1—32 页,1889 年彼得格勒出版。

和方向是与地球的旋转相符合的，这种情形只有流动才能产生。但我们可以把地质上海进与海退的交替和地极的移动相比较，来研究这个问题。很多学者早已设想到这两种现象间存在着一种简单的联系，例如 P. 雷毕希、D. 克莱希高尔、M. 森帕尔、A. 霍尔、W. 柯本等。第 21 图对这个问题作了解释。假如在地极移动时，海洋立即适应而地球却在改变形状方面落后于海洋，则在移动的地极前必发生海退，其后方必发生海进。在大陆漂移图上，可以说明这个提出已久但未证实的规律。这里我们选定泥盆纪到石炭纪这一段时期来考察一下，因为如上文第六章所说，这个时期地极变动得最快。[①] 假如我们根据通用的古地理图，例如斯匹次卑尔根岛抬升约 21 千米，同时把中非地区压沉到海面以下同样的幅度。实际上，如上所述，短期的抬升与沉降的幅度却只有数百米，可见地球上大部分地区对于旋转轴新位置作了自身的适应。即地球半径在斯匹次卑尔根岛下方缩短了 21 千米，在中非地区下方伸长了 21 千米。这些情况只是当地球有黏性流动时才可能发生。

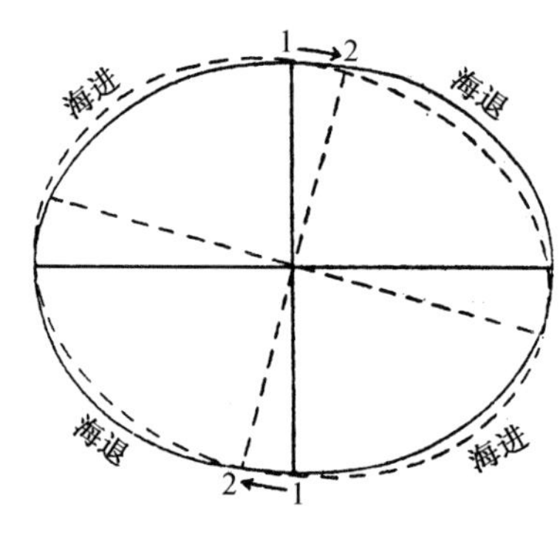

第 21 图　由地极移动所引起的海进与海退

虽然上述诸事实清楚地表明了地球的黏性，但还有很多地球物理学者对此表示怀疑。因为他们证实地球在室内温度下比钢还坚硬 2—3 倍（钢的黏性系数为 8×10^{11} c. g. s 制）。对于地球的黏性系数，我们必须具体地谈谈。这个数字是用三种不同方法求出来的。盖格尔（L. Geiger）和哥登伯格（B. Gutenberg）观察了地球核心地震波的速度，得出黏性系数在地球半径 2/5 深处为 36×10^{11} c. g. s. 制，而在硅铝岩圈则为 7×10^{11} c. g. s. 制。

① 第三纪时地极移动也很迅速，但此时大陆大幅度抬升，大陆棚几乎全出露为陆地，海进与海退所引起的海岸线的改变不如古生代时期显著（古生代时陆块较大部分为海洋所淹覆）。

第二，施韦达尔[①]则从固体地球的弹性潮汐(用水平摆测量)得出地球的有效潮汐刚度为 18×10^{11}，而地球中心则为 31×10^{11}。第三，从地极的振动也可计算出地球的黏性系数。这个振动可分为两个重合的周期，即以一年为期的强制振动，斯皮塔勒(Spitaler)和施韦达尔认为它可从惯性轴上气团的周年移动中查察出来，主要现象是以 14 个月为周期的自由摆动，它相当于环绕惯性极的旋转极的旋转。如果地球是刚体，则按欧勒理论的计算，振动周期只应为 10 个月。纽科姆(Newcomb)推想：地球因变形，其椭圆体可在新的旋转方向下产生局部调整，而使周期加长。哈夫(Hough)和施韦达尔就据此计算出地球的黏性系数为 18×10^{11}，恰与潮汐观测所得的结果一致。施韦达尔又计算出地球硅铝圈(原先估计其厚度为 1500 千米)的黏性系数为 7×10^{11}，这个数字恰与地震研究所得的结果相同。根据韦休特(Weichert)在地震上的观测，地球的核心(可能由铁质组成)的黏性系数值约为 20×10^{11} 至 24×10^{11}[②]。上述数字虽稍有出入，但无关紧要。总之，上述种种已足够说明地球整体实在比钢还要来得坚硬。

施韦达尔又对地壳下方是否如地震观测所示存在着液状岩浆层这一问题进行了研究。他说："如认为岩浆层只是像在室内温度中的火漆一样的流体，其厚度仅有 100 千米，那是不符事实的。根据计算看来，地壳 120 千米下厚约 600 千米的岩浆层黏性系数达 10^{13}—10^{14} 的假设，则和观察事实最为近似。"在常温下，火漆的黏性系数在 10^{9} 左右，换句话说，施韦达尔发现在陆

① W. 施韦达尔：《在佛莱堡附近 189 米深处的矿井中用两个水平摆测得的地球由于流体力所发生的升降变化与变形》(*Lotschwankung und Deformation der Erde durch Flutkräfte gemessen mit zwei Horizontalpendeln im Bergwerk in 189m. Tiefe bei Freiberg i. sa.*)，《国际测地学会中央局汇刊》(*Zentralbureau d. Internat. Erdmess.*) N. F. 第 38 号，1921 年柏林出版。

② 韦休特学派(如 B. 哥登伯格著《地震波》〔*Über Erdbeben wellen*〕一文，载 1914 年《哥丁根科学协会汇刊》)最后从地震波的传播找到了四个不连续面，即在 1200 千米、1700 千米、2450 千米及 2900 千米深处的不连续面。其中第一、第四个面最为显著。因此假定现今硅铝层厚度约为1200千米，中间层约厚 1700 千米，而地球的核心半径长 3500 千米，最为恰当。

块下面的硅镁层要比室内温度下的火漆坚硬约1万倍。

这些十分可靠的计算结果似与上述地球是黏性体的概念有所矛盾，但毋须惊奇。这个表面矛盾的解决之途，在于地球体积之大及其地质演变时期之长。关于这一点，以往的文献没有予以足够的重视，但在地球物理学上却最为重要。

在一个实验室中，一个小钢球可以在任何情况下当作是一个刚性体，但像地球那么大的一个钢球却能在自身的引力影响下流动，至少是当它经受了千万年足够长的时期以后就会是这样。在小钢球上起主要作用的是分子力（刚性程度），在地球上则为转换的质量力（重力）。在这里，质量力是因素。[①] 质量力表现为地壳的均衡作用，分子力则不发生均衡作用。由此之故，每一个小天体，如有些小行星、许多围绕行星的卫星特别是流星等都不成球形，也就没有均衡作用。月球就整体来说是具有均衡作用的，它的表面十分崎岖，表明它的质量力比地球小得多，而分子力则较显著。事实上，即使山脉高度的大小也不是偶然的，它主要取决于这两种力的对比。A.彭克[②]曾注意到从阿尔卑斯山峰的高度极为划一来指明这一点，所以高大的山系实是表明了分子力对重力的抵抗程度。

正因为地球体的巨大，对地球物质的性能才能施加如此的影响，至于这种影响产生的过程问题也不难加以说明。我们知道，钢在一定的机械压力下刚性可以变成可塑性。我们如建立一个极高极高的钢柱，只要高到一定的程度，那么这个钢柱的底部就会开始流动。假如我们设想一整块大陆都是由钢所组成的，它的最上部当然会保持其刚性，但其下部则在其上部物质的重压下必将变成可塑性，而向两侧流动。因此就地球那样巨大

---

① 见路卡契维希（Loukaschewitsch）：《地球体的机械作用和大陆的起源》（*Sur le mécanisme de l'écorce terrestre et l'origine des Continents*），第7页“质量力比分子力更为重要”（Les forces molaires lémportent sur les forces moléculaires）一节，1910年彼得格勒出版。

② A.彭克：《阿尔卑斯山的高山脊》（*Die Gipfelflur der Alpen*），1919年《普鲁士科学院汇报》（*Sitz.-Ber.d.Pr.Ak.d.Wiss.*）第256—268页，柏林出版。

的物体来说，钢已不再是一个固体了。实在可以说，在像地球那样巨大的物体上已没有什么固体存在，而所有的物体都具有黏性液体的性质。但其变形所需的时间则将因其黏性系数的不同而有所差异。关于黏性系数这一点，施韦达尔的研究成果是极有意义的。他认为硅镁圈比室内温度下的火漆更坚强 1 万倍。假如把一根火漆棒投在地板上，它将裂成碎片；但假如使火漆棒中间悬空，仅支架着两端，则在数星期之后开始向下弯曲，数月之后其中段将下垂，几近直立。火漆在平常的温度条件下即可流动，因此完全不能用来解释地质现象。如果硅镁质的黏性系数大于火漆 1 万倍，那么对火漆来说是 1 个月的时间，对硅镁质来说将等于 1000 年的时间，而地质变化就是以千年计算的。因此，我们并不因为地球的黏性和钢一样（根据施韦达尔的计算）而需要把它看作是一个刚体。只有在急速的撞击运动中，例如地震波、潮汐起伏的撞击运动中，可能还包括地极的摆动等，才可把地球看作是一个刚体。但当我们牵涉到数千年或数百万年，而不是几秒、几天、几年的时候，我们得说：地球虽具有钢的黏性系数，却具有像一个黏性流体一样的性状。

这种说法看来不免有些不合理。但不能忘记，即使在实验室中用黏性流体物质进行试验，也常与一般经验不一致而似感不合理的。例如沥青，当你敲击它时，它完全是一个固体，但在长时期中受了重力的影响就开始流动了。不能把一块软木塞挤穿一片沥青，但如把一块软木塞放在盆中，上覆一片沥青，在经过一个长时期以后，软木塞的微弱浮力足以使它慢慢地穿过沥青片而浮到上面来。由于这些事情常常被认为不合理，当初对冰川的流动也曾感到不好办，认为必须找出一些特殊的原因，例如融后复冰（第二次冻结）来解释。直到新近观察极地冰川的流动现象，知道了冰川内部温度很低，不可能产生融后再冻时，才对冰川的黏性流体性质获得了较为正确的概念。

还当指出，关于黏性系数、固体性与刚性等有许多不同的概念，此处不拟作更多的论述，只举一个例子来看一看对物体的性质有多么不同的说法。

假使一个物体在超过了力的一定限度以后，对撞击有迅速反应，马克斯威尔（J. C. Maxwell）称这个物体为软物体。另一方面，假如一个物体对一个无限小却又无限慢的撞击具有反应，则为黏性流体。他说："当物体的不断变形只是由于压力超过一定值而产生，这个物体不管它怎样的软，都当称为固体。当被极微小的压力在漫长的时期中促使物体变形不断增大，这个物体不管怎样的硬，都得看作是一个黏性流体。所以，一枝脂烛比一支火漆软得多。但假如把脂烛和火漆棒都支其两端平放起来，则在夏季数星期中，火漆棒会因自身的重量而弯曲，而脂烛则保持原状。因此，脂烛是一个软的固体，而火漆则为富于黏性的液体。"①

蜜蜡有与脂烛同样的作用。倘若室内温度不达到熔解点，一个蜜蜡人像虽经 100 年也不会崩解；但同样的人像如用火漆来做，就会逐渐坍塌。

自然界中，还有许多是处于 J. C. 马克斯威尔所说的两极端之间的过渡阶段的；上述的例子也还不是真的两极端，一个无限小的撞击当然不足以形成火漆的变形。但能促使火漆开始流动的力的极限是很低的，因为它可以在自身的重压中流动。总之，像地球的硅铝壳这样一个复合的物体，必然兼具这两种特性。因此，假如不论是硅铝层或硅镁层都不能和 J. C. 马克斯威尔所举的两种物体相比拟，那么至少我认为这一比较会对极难想象的大陆漂移的过程有所启示。为了表示硅镁质与硅铝质的差异并加以说明，最好把硅镁质比之于火漆，把硅铝质比之于脂蜡。硅镁质较为坚硬（玄武岩是最好的铺路石），但却最富流动性。硅铝质在作用力不超过限度时能保持其形状（如大陆块），但在作用力超过限度时却发生褶皱或断裂。

---

① J. C. 马克斯威尔：《热力理论》（*Theory of Heat*），1872 年第二版第 274 页。

在上文中我们没有考虑到地球体内的温度关系，这对漂移的可能性问题也是很重要的。据杜尔特(C. Doelter)和戴伊(A. L. Day)的研究，复合的硅铝岩没有明确的熔点，只有一个熔解温度的幅度。这个幅度有时很大。我们知道辉绿岩的熔点是1100℃，维苏威火山岩的熔点为1400—1500℃，这个数字适用于地表大气压力下，所以在100千米的深处熔点还增高100℃。[①] 另一方面，在目前世界上最深的矿井中，即上西里西亚的楚科夫(Czuchov)2号井及帕鲁休维次(Paruschowitz)5号井中，在地壳表层的两千米内每深100米温度增加3.1℃。[②] 此项测量是在导热力比火成岩小的沉积岩中进行的，故其等温线较为密集。在圣哥达(St. Gotthard)、蒙希(Mönch)及辛普隆(Simplon)隧道的原岩中，温度增加率是每100米仅2.2℃、2.3℃及2.4℃。又，这里温度增加率的较为微小，也可能是由于山形的凸出。因此，每100米增加2.5℃可以看作是大陆块的平均值。当然，我们不能在硅镁层中进行相应的测量。弗里德兰德发现深处火成岩的导热力较小，其增温率为6℃/100米，[③]如果这个说法是正确的话，则用直线外插法可计算出在大陆块深9千米处(在海平面以下)的温度约为230℃，已和深海下同深处的温度相同。在此层之下，深海下的岩石将比大陆块下同深处的岩石为热。J. 弗里德兰德的数字当然不很可靠，但深海下与大陆块下导热率的微小差异已足以补偿这一事实，即在海面下5千米处的深海底上温度大致为0℃，而在

---

① 凡物质固体化时密度增大因而沉入其自身的液体中，则此物质在压力显著增加时熔点仅略有增高。大多数岩石都属于这一类。巴勒斯(C. Barus)认为辉绿岩的熔点每增加一个大气压增高0.025°，福格特(J. H. L. Vogt)纠正为0.005°。另一方面，凡物质固体化时密度减小因而浮在其自身的液体上，则此物质在压力显著增加时熔点略见降低。冰和铁及其他金属都如此，特别是冰。

② 米歇尔(W. Michael)和魁特索夫(Quitzow)的《上西里西亚深井的温度情况》(*Die Temperaturverhältnisse in Tiefbohrloch Czuchow in Oberschlesien*)一文，载1910年《普鲁士地质学会年报》(*Jahrb. d. Kgl. Preusz. Geol. Reichsanstalt*)。

③ J. 弗里德兰德：《地球物理学论丛》(*Beitr. z. Geophys.*)，Kl. Mitt. 第11卷第85—94页，1912年。

大陆块下同深处的温度已达135℃左右。[①]

用直线外插法来计算，在大陆块下100千米深处的温度为2500℃，这个温度远远超过了火成岩的熔点。当然，一般认为这种直线外插法是不能应用的。但不幸的是我们还不知道温度随深度而变化的规律；大概，它首先是与地壳中镭的分布有关的。地球中心的温度现估计为3000℃至5000℃，过去的估计数字比这个数字高得多。现在我们所掌握的基本知识极为贫乏，有人认为在100千米深处的温度为1000℃至2000℃。这样，大陆块的下缘正好到达熔点温度，这和我们先前的想法并不矛盾。

当然，我们不应当设想世界上同一深处的熔点都一样，也不应当设想熔点的深度在无论什么时候都固定不变。对于这两个问题，考察所谓花岗岩的熔解现象是非常有益的。H.克洛斯在南非洲的观察已经证实了这个现象，并且指出其熔解点等温线有时可到达地球的表面。与等温线不正常地升高至地球表面相反，有时等温线却可能位于很深的地方。我们还不知道它在时间上变化的原因，这一点或许和放射性物质的变迁有关系。

总之，硅镁质在高温下流动性增大。但我们不知道它们随深度而变化的关系如何，也不知道在大陆块表面下有没有一个流动性最大的地带。

按杜尔特的研究，[②]硅铝岩的熔点比硅镁质的熔点一般要高200—300℃，所以磁性的硅镁层和固体的硅铝层能在同一温度下同时并存。熔融的硅铝质的黏性也较熔融的硅镁质的大。总之，这些事实都有利于证实硅铝块的分离。

同时，我个人推想，我们还不能说整个温度问题具有决定性

---

① 这样，一切所谓大洋盆地被寒冷的深海水所冷却而造成沉降，以及深海底由于温度较陆块低所以较陆块为硬等反对论，都不攻自破了。

② C.杜尔特：《岩石的形成》(*Petrogenesis*)，《科学丛书》(*Die Wissenschaft*)第13种，1906年不伦瑞克出版。

的重要意义。自施韦达尔的研究发表以后，尤为如此。他指出：硅镁层的黏性系数即使在大陆的下面也比室内温度下的火漆大1万倍。看来，即使硅铝岩从来没有到达它的熔点温度，所有一切过程还是一样会发生的。

第 9 章

大洋底

上面已经说过，最快的大陆的漂移，也不过是在每 1000 千米的距离内每年移动 10 米的问题。假如这个 10 米在整个距离内作平均分配，则每米每年仅移动 0.01 毫米，这是一个很小的数字。在大洋底的岩石上当然纵横交织着各种各样的裂缝；因此，只要这些微细的裂缝稍稍扩大一些，就足够把整个距离延长到上述的数字了。在较深的硅镁层是不难延伸到这个数目的，因此在整个过程中熔化了的硅镁质无需升露地表。但在另一方面，也可能是这样：即进行的过程是不规则的，有些地方表面没有伸长，而有些地方则为补偿起见伸长较多。这样一来，至少在有些地方灼热的硅镁质会部分地升露地表。

那么灼热的硅镁物质出露并形成了大洋底的表壳一事，是否必须假定由某种灾变所引起的呢？我看不必。水的临界压力仅为 200 个大气压，而这个临界压力在 2000 米深处即可达到。不管怎样高热，水在这个深度处不能成为水蒸气。受热超过了临界温度的水只是由于重力减小而上升，而在上升途中必然和几乎达冰点的深海冷水相混合。海底熔岩的漂流也与此相似，通常是在完全稳静的情况下发生的。据贝尔给特(Bergeat)的研究，这种海底熔岩流曾在 1888、1889 及 1892 年在火山岛

(Vulcano Ⅰ.)附近700—1000米深处的海底喷发过,并切断了从利帕里(Lipari)到米腊哥(Milaggo)的海底电线,也因此熔岩的喷发才得以知晓。大家都知道,这种海底熔岩流的喷发具有几乎宁静无声的活动的特征。[①]

世界三大洋的深度几乎是相同的,E.科辛纳[②]从格罗尔的海图上计算出太平洋的平均深度为4028米,印度洋为3897米,大西洋为3332米。这些深度关系可从深海沉积层的分布(第24图)得到忠实的反映。O.克留梅尔曾在早些时候亲自要我注意这一点。红色深海黏土和放射虫软泥二者都是真正的深海沉积物,它们主要分布在太平洋和东部印度洋;大西洋与西部印度洋底则覆盖着浅海沉积物,它们含有较多的石灰,所以必然和海水深度较浅有关。各大洋深度的不同不是偶然的,而是有规则的,它们和大西洋型海岸与太平洋型海岸的不同有连带关系。最好的例子是印度洋,它的西半部是大西洋型,东半部是太平洋型,东半部也较西半部深得多。把这些事实和大陆漂移学说联系起来是很有趣的,因为从地图上可以清楚地看到,最古老的大

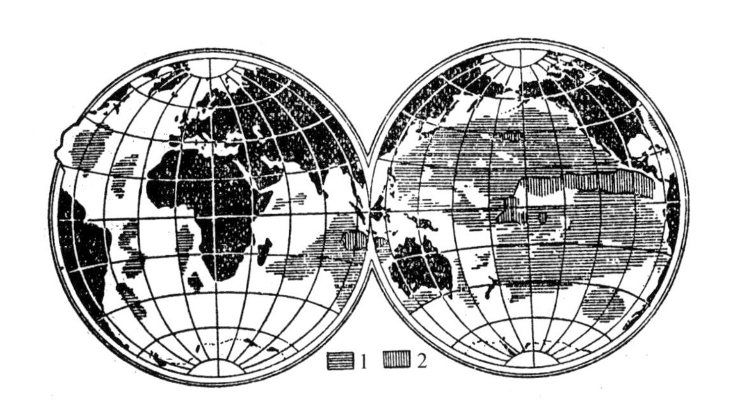

第24图 大洋沉积层图(克留梅尔)

① E.凯塞尔《地质学教程》第1卷"普通地质学",第五版第784页,1918年斯图加特出版。

② E.科辛纳:《世界海洋的深度》,《柏林洪堡大学海洋研究所汇刊》,N.F.A.《自然地理专刊》第9号。

洋底都是最深的，而那些在较近期才出露的洋底则深度最小。从第24图上，我们看到极为清楚的漂移的痕迹。

各大洋深度互有差异的原因看来当然在于近代海底与古代海底的比重不同。可以想象，在地球历史过程中由于某些成分的结晶析出或其他原因，硅镁质的成分是改变了。比如，新老喷出岩具有矿物学上的差异，今日的大西洋与太平洋熔岩也有所不同。但这样一来，却又是新的海底反而应比老的海底深了。因此，据我看来，深度的差异也应当从温度的关系上来解释。古老的洋底曾经更强烈地冷却过，所以它的密度比新成的洋底大。假如硅镁层的比重作2.9，则根据花岗岩的立体膨胀系数0.0000269计算，温度如高到100℃，比重将减为2.892。两个相互保持平衡的大洋底如具有100℃的温度差，必将发生300米的深度差，即较热的洋底高出较冷的洋底300米。我们当然不能想象，例如大西洋底能在以百万年计的长时期中保持其较高的温度，即使最初的温度差还要大些(1000—1500℃)。我们还不知道地球内部的热量来自何因。如果说它是由镭的崩解所产生或是由此而保持了部分热量，那么在整个地质时期中新出露的深层岩石当含有较多量的镭而具有最高的温度，这种想

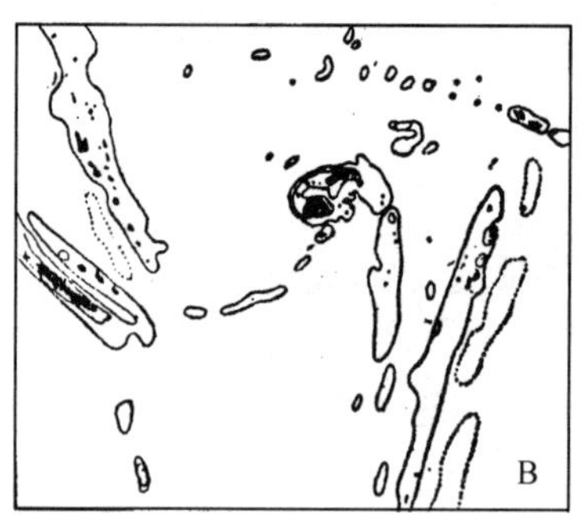

第25图 A. 马达加斯加岛与塞舌耳浅滩；B. 斐济群岛

法当不能完全否定。

今假定硅镁质确是一个黏性流体，可比之于火漆，那么它的流动能力如果仅表现为在漂移的硅铝块前方变形，而不发生独自的流动，就令人惊奇了。我们可以从地图上找到一些地方，它们直接表示出这种硅镁质的独自的局部性流动；一些原来显然是直线形的列岛由于这种流动而弯曲变形了。第25图举了两个这种例子：一个是塞舌耳群岛，一个是斐济群岛（Fiji Islands）。新月形的塞舌耳浅滩中分布着花岗岩形成的独立岛屿，这个新月形轮廓和马达加斯加或印度都并合不上，如以拉直后的外形来看，确似早有过直接的连接。这就可以解释如下：有一块硅铝质熔体从陆块的下边浮升上来，并被硅镁层流所带动，向印度的方向移走了一大段距离。这股硅镁层流（也带动马达加斯加岛）在对准印度的路途上流动，可能是由于大陆漂移而产生的。但也可能是相反，是硅镁层流产生了印度的漂移而使印度和锡兰（今斯里兰卡）分离了。液体的流动（包括黏性体的流动）很少是一种可以把因和果分清楚的简单流动。我们对于这些事实的知识还贫乏得很。假如要求大陆漂移学说联系并解释所有一切观察到的相对移动，那也是不合理的。我们考虑这些事实只是为了说明硅镁质的流动现象。塞舌耳浅滩两端的反曲，表明硅镁层流的流动从马达加斯加岛与印度的中线向两侧有所减少。我们也可以断言：岩流在新出露的硅镁质中流得最好，而其西北与东南两侧的古老深海底则流动得较慢。第25图上的斐济群岛形如两股螺旋形星云，表示一种螺旋形的流动。依我看来，这个形状实和澳洲的变向移动有关。即澳洲和南极洲断绝了最后的联系后，澳洲开始向西北方移动（这至今还可辨认出来），而把新西兰岛弧遗留在它的后方。大概斐济群岛在没经盘曲以前是靠近汤加山脊（Tonga Ridge）的一条平行岛山，二者合成澳洲—新西兰陆块的一条外弧；并且像所有东亚岛弧一样，固着于古老深海底的外缘，而岛弧的内缘则是和大陆块隔离的；由于大陆块的移开，内列岛弧就卷曲起来。新赫布里底和所罗门群岛(Solomon Islands)可能是陆块移开后两条遗弃下来的雁行岛弧。[1] 至于俾斯麦群岛、新不列颠群岛则已如前所述,附着于新几内亚岛而被牵引过来。同时在澳洲陆块的另一边,巽他群岛中最南的两列岛山也形成螺旋形弯曲,表明这里也有过像斐济群岛一样的硅镁涡流。

关于深海沟[2]的性质,在已有的观察基础上,直至今日还得不出正确的图案。除少数可能由于不同的起源为例外外,它们大都位于岛弧的外侧(凸侧),即位于岛弧碰到古洋底的地方;而在岛弧的内侧,即在新出露的海底中像窗户一样的地方,则从没看到深海沟。看来,只有在古洋底上才能形成深海沟,因为古洋底的冷却和硬化下达更大的深度。或许可以把深海沟看作是一种边界裂隙,一边由岛弧的硅铝质组成,另一边由深海底的硅镁质所组成。第 26 图所示深海沟剖面看来起伏不大,但也毋须迷惑,因为在重力作用下,当然就大为平坦化了。

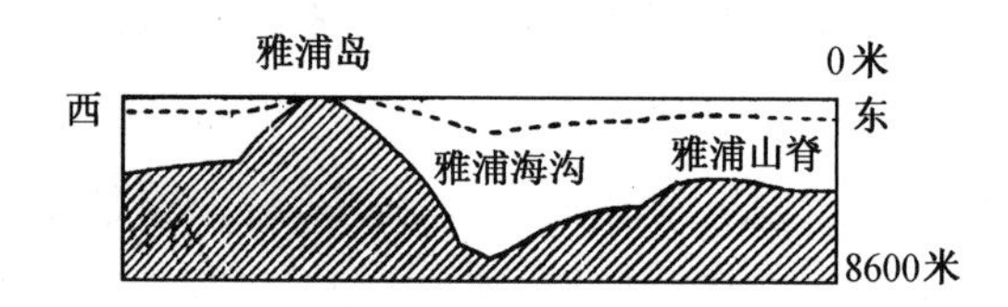

第 26 图　雅浦(Yap)深海沟剖面(根据萧特与佩勒维茨)

垂直缩尺放大 5 倍(上面的断线表示真实的比例)

在新不列颠岛南面及东南面的直角形弯曲的深海沟,其成因显然与该岛因附着于新几内亚岛而向西北剧烈牵引有关。新几内亚陆块厚达 100 千米,在硅镁质上掘沟推进,而在陆块后方流出的硅镁质还没有来得及填满这条沟道。这种情况可能就是我们对深海沟的形成所能给予的最正确的描述。

对于智利西面的阿塔卡马(Atacama)深海沟还可能给予另

---

① 赫德来从生物学的立场也获得了相同的结果,即新几内亚(包括新喀里多尼亚岛)、新赫布里底群岛和所罗门群岛属同一生物区系。

② 有时也用深海地堑这一术语,但似欠稳妥。因为它将和大陆块上的断层地堑相混淆。

一种解释。如果我们记住在深海底平面以下的所有岩层将被高大的山体压下去(参照下章关于造山运动的叙述),那么其附近的洋底必然也将被牵引下陷。关于大陆边缘的下沉还有另外一个原因,即向下方的山脉褶皱熔化后,由于大陆块的向西漂移,熔质被挤向东方而部分抬升。按我们这个解释,阿布罗刘斯浅滩的形成即由此故。在这里,大陆边缘就必然下陷,而其附近的硅镁质也必被牵引下陷。

虽然如此,这里对于深海沟的性质的一切见解还需要进一步的更确切的研究,特别是重力测量的调查,才能获得彻底的肯定。对于这一点,就我所知,直到现在仅有O.赫克尔对汤加海沟作过观察。[①] 他指出那里曾有强烈的重力扰动(深海沟的重力为－0.25,而汤加高原上则为＋0.13至＋0.22)。

这和我们的见解是一致的,在这里还没有由于硅镁质的流入而达到均衡的恢复。但假如有了对其他海沟的更多的调查成果,我们就可能对这些耐人寻味的重力扰动的性质了解得更为确切。这一点是十分重要的。

---

① O.赫克尔:《印度洋与太平洋及其沿岸的重力测定》(*Bestimmung der Schwerkraft auf dem Indischen und Groszen Ozean und an den Küsten*),载《国际测地学会中央局汇刊》N.F.第16期,1908年柏林出版。

第 10 章

硅 铝 圈

在这一章里，我们将考察今日已分裂成几个大陆块的地球硅铝圈。首先把它作为整体来讨论。

第 27 图表示大陆块的分布。这里把大陆棚作为大陆块的一部分，所以大陆块的轮廓在很多地方与海岸线有一定的出入。

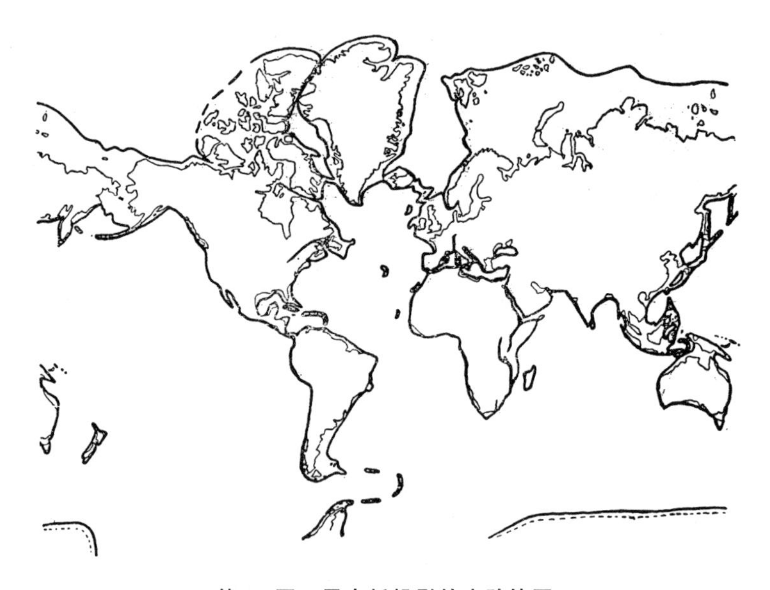

第 27 图 墨卡托投影的大陆块图

在我们的研究中，必须在心目中把普通地图上的海陆轮廓丢开，而对完整的大陆块轮廓确立一定的印象。通常，200 米等深线恰好能代表大陆棚的界限，但有些部分，大陆块的深度竟可达 500 千米。

第 28 图表示通过南美与非洲的大圆的地球剖面图（按实际缩尺）。山脉与陆海的高低在图上极为微细，几乎不能表达，故以均匀的圆周线来表示地球表面。另一方面，大陆块的厚度却达 100 千米，可在图上显著地表现出来。地球的核心可能主要是由镍和铁组成，E. 苏斯称之为镍铁圈（Nife）。为了便于比较，也把大气圈表示了出来，即把氮气层定为 60 千米高，在此以上，便是更轻的气体了。对流层（具有气象现象的大气层）高仅 11 千米，由于太薄，没有在图上表明。

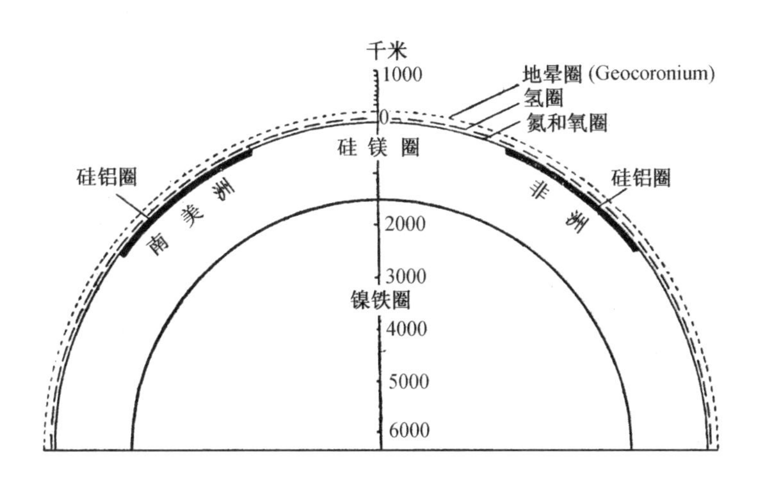

第 28 图　通过南美与南非的地球岩圈剖面（按实际缩尺）

前面已经讲过，组成大陆块的物质主要是片麻岩。但我们知道，大陆的表面并不常常是片麻岩，而是沉积岩，因此我们一定要弄清楚沉积岩在大陆块的组成中起什么作用。沉积岩的最大厚度约为 10 千米，这是美国地质学者在研究阿巴拉契亚山的古生代沉积物时计算出来的。最小厚度为零，因为地面上许多地方在原生岩上没有任何沉积岩的覆盖。克拉克（Clarke）估计大陆块上沉积岩的平均深度为2400米。但既然大陆块的全部厚度约估计为100千米，那么可见沉积岩只是一个风化的表层；并且，即使把沉积岩层全部移去，大陆块也会因恢复均衡而上升至原来的高度。所以对地球表面的起伏不致产生多大变化。

在最古老的地质时代以前，硅铝圈可能曾包围过整个地球。那时的硅铝圈厚度将不是100千米，而是30千米。其上淹覆着全陆海(Panthalassa)，A. 彭克计算出此海的平均深度为2.64千米。当时地球表面估计全被此海所淹没，或仅有一部分出露。

这里有两方面的根据可以证明上述见解的正确性，一个是地球上的生物演化，一个是大陆块的构造结构。

“当然没有人能认真地怀疑：淡水生物以及陆地生物与大气生物都是起源于海洋。”[①]在志留纪以前，我们还不知道有什么呼吸空气的动物；最古老的陆上植物残遗种是在哥得兰(Gothland)的上志留纪地层中发现的。根据哥塔恩(S. Gothan)的研究[②]，上泥盆纪的生物主要还仅是没有叶子的像藓类一样的植物。他说：“具有真叶的植物化石在下泥盆纪还很少，当时所有的植物都很小，像杂草一样，柔弱无力。”另一方面，上泥盆纪的植物已与石炭纪的植物相同。“由于支持器官与同化器官的发育，植物体内分工完成，大型发放的有脉的叶片出现了……下泥盆纪植物的特征，如器官的低级及形体的矮小等，表明了这些陆地植物起源于水中(H. 波托尼、O. 李格尼尔及E. A. N. 阿尔伯等均主张此说)；到了上泥盆纪，由于适应于在空气中的生活方式，植物有了进化。”

另一方面，假如把大陆块上所有褶皱展平，硅铝外壳确能扩增到包围整个地球的程度；虽然今日大陆块及其陆棚仅占地球表面的1/3，但在石炭纪时其面积要大得多(约占地球表面的

① G. 斯坦因曼：《寒武纪动物界在整个生物演化中的地位》(*Die kambrische Fauua im Rahmen der organischen Gesamtentwicklung*)，载1910年德国《地质杂志》第1期第69页。

② S. 哥塔恩：《关于最古老的陆地植物的新发现》(*Neues von den ältesten Landpflanzen*)，载1921年德国《自然科学》杂志第9期第553页。

1/2)。不过，追索到更早期的地球历史，褶皱的范围也更广。E. 凯塞尔说道："极为重要的是，大部分古老的太古代岩石在地球上是到处经受过变位与褶皱的。只是到了元古代，我们才看到除了褶皱的岩石以外的未经褶皱或很少褶皱的沉积岩在各处出现。在元古代以后的各个时期中，坚硬而未经变形的岩块愈多，分布也愈广，地壳的褶皱部分才相应地狭小。特别是石炭纪和二叠纪的褶皱就是这样。古生代以后，褶皱力渐趋减弱。到了上侏罗纪和白垩纪才又增强，而在下第三纪时达到新的高潮。但显然，这个最新的大造山运动所影响的地区范围还是比石炭纪褶皱的范围小得多。"[①]

这样说来，我们说硅铝圈曾包围过整个地球和前人对这个问题的见解就并不矛盾。那时，地球的具有移动性与可塑性的外壳一面被撕裂开来，一面又被褶曲拢来(其动力的性质将于以后再讨论)。撕裂开来时就形成或扩大了深海盆地，褶曲拢来时就形成褶皱山脉。生物事实似乎也证实深海盆地是在地球历史进程中才形成的。J. 华尔特说道："生物学上的一般实证，目前深海动物的地层位置以及构造地质的研究，都使我们不得不相信深海盆地和生物区域一样不具有最古时期地球的原始的性质，而是在今日大陆各处发生构造运动以改变地球表面的形状的时代中才开始形成的。"[②]硅铝圈的最早裂隙(第一次硅镁质的出露)可能和今日东非裂谷的形成是相似的。当硅铝层的褶皱愈变愈大，裂隙也就愈益开阔。这种情形有些和球形的纸灯笼一样，把纸灯笼的一边折叠，另一边就拉开了。十分可能，公认为最古老的太平洋地区就是这样最早剥去硅铝壳的地方。在硅铝壳撕裂开来和裂隙扩大的时候，或在后来整个大陆块向西漂移的过程中，从硅铝块边缘剥落下来的小碎片附着在硅镁质上，

---

① E. 凯塞尔：《地质学教程》第五版第 904 页，1918 年斯图加特出版。

② J. 华尔特：《海洋盆地的发生及其扩展》(*Über Entstehung und Besiedelung der Tiefseebecken*)，德国《自然科学周刊》N. F. 第 3 卷第 46 期(引自艾克哈德特)。

形成今日遗留在深海底上的岛屿与海底隆起。太平洋上一系列岛屿看上去都几乎是平行地排列着。T.阿尔特脱测量过19条列岛都具有北62°西的走向。[①] 这个走向可以看作是过去大陆漂移使深海盆地开裂与扩大的方向,而巴西、非洲、印度与澳洲的古片麻岩褶皱也可以认为是和太平洋裂口相呼应的。非洲褶皱的东北走向和太平洋诸列岛的走向恰好配合(即两走向相交成90°)。

硅铝圈既然压缩,结果必然加厚而增高,同时深海盆地则加大。因此,大陆块上的海浸(不论它在哪里发生)通常在地球历史过程中逐渐减少,这个法则是一般所公认的。从本书卷首世界三个时期的海陆复原图上也可以看得很清楚。

应当着重指出,硅铝壳的演变是绝不回复的。虽然作用的力不同,挤压力形成陆块上的褶皱,但拉张力却不能使之恢复平坦,最多只能将陆块撕碎。挤压力与拉张力的交互作用不能使其效果相互抵消,却产生单向的演变结果,即皱合与肢解。在地球历史过程中,硅铝壳不断缩小其面积,并增加其厚度,但也愈益破裂。这些都是相互补偿的现象,是由相同原因造成的结果。第29图表示过去、现在和将来的测高曲线。今日地壳的平均水准面和硅铝圈还没有破裂前的原始表面那样是吻合的。

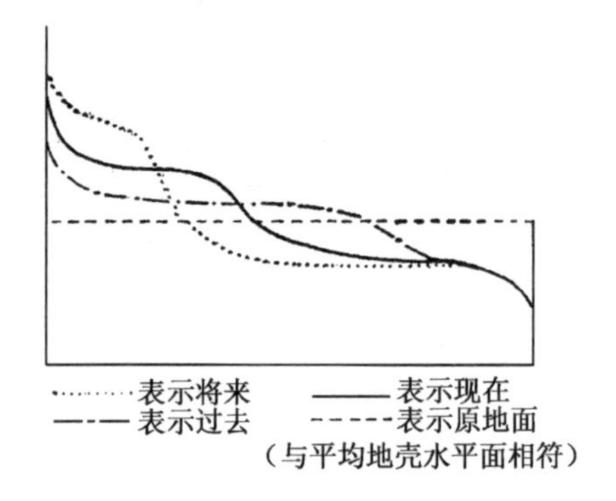

第29图　过去和将来地球表面的等高曲线

---

① T.阿尔特脱:《古地理学手册》第1卷第231—232页,1917年莱比锡出版。

对于硅铝块的内部结构我们知道的很少。在大陆块上很多地方有火山，喷出硅镁质岩浆。斯杜贝尔（Stübel）对这一事实曾作了一般所首肯的解释，即在坚硬的硅铝质所包围的大陆块的内部含有液体的硅镁质的馅（末梢岩浆池），馅挤出时就成为火山。另一方面，差别不大的硅铝与硅镁两种物质在地球体内按理说不会完全分离，也没有分离的理由；很可能它们之间从一开始就是相互逐渐过渡的。因此我推想，硅铝壳的构造或如第30图所示意的那样。最上层为硅铝质的连续带内含有分散的硅镁质馅，其下为一镶嵌带，这里两种物质都有连续分布，最下层才为硅镁质的连续带，其中只嵌有极少的孤立的硅铝碎块。至少，硅铝壳的原始构造大概是这样的。后来经受了压缩，硅铝壳就能从硅镁层脱出而自身纯化，硅镁质的大部分推向下方，而小部分则浮升（火山），横溢成平片层。在大陆大规模漂移时，在硅铝块的下缘将形成一种滑面，在这种滑面上，矿物具有成分变化特别迅速的特征。

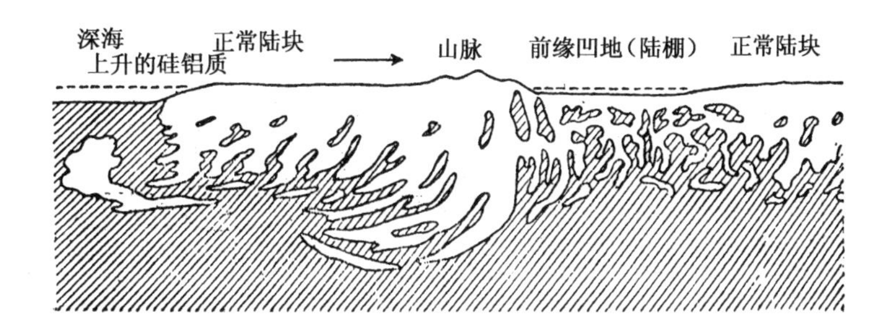

第30图　硅铝块的剖面

大陆块的这种构造可为许多现象提供解释。例如，在许多陆块的漂移道路上（如澳洲的陆块），可看到像树桩从深海底突出那样的很多隆起，它们是深海底的一部分呢？还是大陆块的一部分呢？过去很难确定，现在就可以理解了。又如在冰岛附近所见，陆块的上端保持其轮廓不变，而其下部深处却向外挤出，也就容易说明了。最后，通常提及的大向斜的所谓不稳定，也可能以硅铝壳的上部含有很多大块的硅镁质馅来解释它。含有大量硅镁质馅的陆块由于比重较大，将比它的四周降低一些，而硅镁质馅因具有较大的流动性也将增强它向垂直方向的流动，所以在沉积岩的重压下就容易沉陷了。如果产生了造山作用的压缩力，则这种陆块必基于同样的理由发生褶皱。伴随着造山作用的大规模熔岩喷发证实了这种见解的正确性。褶皱作用把硅镁质馅挤了出来；火山作用实质上是硅镁质馅从硅铝壳内被挤出这一论断也从地球表面上找到了很多的实证。花彩式岛屿就是最好的例子。岛弧由于弯曲的缘故，其凹入的内侧必受到压缩，其凸出的外侧则受到拉引。虽然实际上岛弧的地质构造是完全一致的，但其内侧总出现一系列火山，外侧没有火山作用，只有剧烈的断层与裂隙。这种普遍性的火山分布规律是那么显明，我觉得它对火山性质问题的探讨具有无比的重要性。"在安的列斯岛上，可看到一条火山内带和两条外带，其最外带是由最新的沉积层构成，高度较低（苏斯）。火山作用强烈的内带与火山作用极为有限的外带相对立的例子还可在摩鹿加群岛（H. A. 白劳威尔）和太平洋诸岛（T. 阿尔特脱）上看到。同样情况，火山带分布在褶皱带的内侧，如在喀尔巴阡山或华力西山的腹地也是很显然的。"[①]维苏威、埃特纳（Etna）和斯特罗姆博利（Stromboli）等火山的位置也符合这个见解。在火地岛与格雷厄姆地间的南安的列斯岛弧中弯曲最强烈的南桑德韦奇群岛的中央山脊是由玄武岩组成的，其中有一个火山还在活动。H. A. 白劳威尔叙述了在巽他群岛上看到的一种特别有趣的情况。在最南的两列岛弧中，只有弯曲很简单的较北一列有火山，而较南的一列（包括帝汶岛）由于与澳洲陆棚相撞击后已反向弯曲，岛上没有火山，但在靠近韦特尔岛的一个地方，北列也已稍形反曲；在这里，南列（帝汶岛的东北端）向北列挤压，恰恰就在北列的这一地点有火山作用，这些火山以前曾经活动过，现在显

① 鲁辛斯基（W. v. Lozinski）：《火山作用与褶皱作用》（*Vulkanismus und Zusammenschub*），载1918年德国《地质杂志》第9期第65—98页。

然由于反曲而渐渐沉寂了。[1] H. A. 白劳威尔又指出另一事实，即隆升的珊瑚礁只见于没有火山作用或火山作用早已熄灭的地方。这些地方也就是经受挤压的地方。这样，凡是发生挤压的地方，火山作用就熄灭。这初看起来似乎不合理，但在我们的学说范畴中却找到了理所当然的解释。

---

① H. A. 白劳威尔：《在印度群岛的潘达、达梅尔岛间不存在活动性火山与此区的构造运动的关系》(*On the Non-existence of Active Volcanoes between Pantar and Dammer* 〔*East Indian Arshipelago*〕, *in Connection with the Tectonic Movements in this Region*)，载 1917 年《阿姆斯特丹科学院汇刊》第 21 卷第 6—7 号。又其《摩鹿加群岛的造山运动与火山作用》(*Über Gebirgsbildung und Vulcanismus in den Molukken*)一文，载 1917 年德国《地质杂志》第 8 卷第 5—8 号第 197—209 页。

第 11 章

褶皱与断裂

早在 1878 年，A. 海姆就在他的经典论文《造山运动的力学研究》中发展了大褶皱山系起源于地壳的大规模褶皱的观念。这个理论因在阿尔卑斯山发现了由于更强大的压缩而形成的复瓦状平推褶皱而被广泛流传了。

按照他所主张的这个新观点，A. 海姆计算了阿尔卑斯山的压缩；最初他估计是 1/2，后来又估计为 1/4 到 1/8。其后，O. 阿姆斐雷认为：深层的岩浆从两边相合流后，在山脉的下面曾向下潜流，因而带动上面的岩层一起流动（底流）。F. 科斯马特近来在提到山脉的弯曲和出现在很多地方的扇形组合时，认为这些现象只能用巨大的水平移动来解释。他说道："从地球的地形与结构上的许多现象看来，造山过程的解释肯定要把地壳的巨大的切线运动估计在内。"[①]这个观点几乎和大陆漂移学说的观点是一样的，因为只要把这个观点向前推进一小步，就可以说明喜马拉雅山是地壳的大长片经受巨大的前进冲断层而成的。它的南端（今日的印度）过去一度曾位于马达加斯加岛附近。

---

① F. 科斯马特：《对于魏格纳大陆漂移学说的探讨》，1921 年《柏林地学会杂志》第 103 页。

随着水平冲断层理论的逐步发展以及根据其他一系列对造山运动的解释，有人认为山脉的隆起是由于各种内力形成的，例如火山作用的力、结晶体生长的压力、化学变化力以及熔岩入侵的空间膨胀力等。[①] 虽不应否认上述诸种原因在某些场合下具有一定的影响，但我认为在这中间去寻找造山运动的主要原因是徒然的。因此，对这些见解，我们不必多费笔墨。

重力测定对理解褶皱过程是重要的。F. 科斯马特对中欧地区进行了重力测定的调查，并写了很有兴味的论文。附第31图即从此文转引来的。[②] 按一般办法，实测的重力值是校正到把整个地球表面设想为平面，并从海平面零点起算的；也就是说，除削减到零点以外，还把海平面以上的物体重量从重力实测值中减去。把这样削减下来的实测值和其所处地理纬度上正常重力值相比较，然后将二者之差即重力反常在图上表示出来。我们从图上可以立刻看出，山脉区下面重力反常所显示出的物体重量不足，是以山体作为均衡补偿的。“就像许多地球物理学家和 A. 海姆已经表示过的那样，我们只能获得这样一个概念：即其物体重量的不足并非由于物体的膨胀所致，而是由于其地壳较轻部分因褶皱而大大加厚，并在褶皱加厚的过程中向黏性的下层沉陷下去的结果。一条褶皱山脉不仅向上隆升，并且由于它本身的重量还向下伸展。正如 A. 海姆所说，褶皱隆升的反面是更大量的褶皱沉陷。这样，我们从第31图上就可以直接观察到硅铝壳下边的地形。在阿尔卑斯山的下边，重力反常的负值最大，即表示那里硅铝壳的下边沉陷入硅镁层最深。

---

① 参见 K. 安德雷《造山运动的条件》，1914年柏林出版。W. 彭克坚信造山运动是熔岩入侵所致，见其所著《地球上山脉的起源》(*Die Entstehung der Gebirge der Erde*)一文，载1921年《德国论评》9—10月号。

② F. 科斯马特：《地中海山脉及其与地壳重力正常值的关系》(*Die mediterranen Kettengebirge in ihrer Beziehung zum Gleichgewichtszustande der Erdrinde*)一文，载《萨克森科学院数学及自然科学汇刊》第38卷第2号，1921年莱比锡出版；及其《重力异常与地壳结构的关系》一文，载1921年德国《地质杂志》第12卷第165—189页。

若在重力的实测值中不除去海平面以上的物体重量的影响，我们在山脉区就得不到这样的重力反常值，而会得到略有出入的正常重力值。地下的物质不足与地上的物质过剩因此而相互抵偿，在山脉区保持了地壳的均衡，不论是古老的或新近的山脉都是这样。我们由此可以确立一条法则：即山脉的褶皱是在保持均衡下的一种压缩。

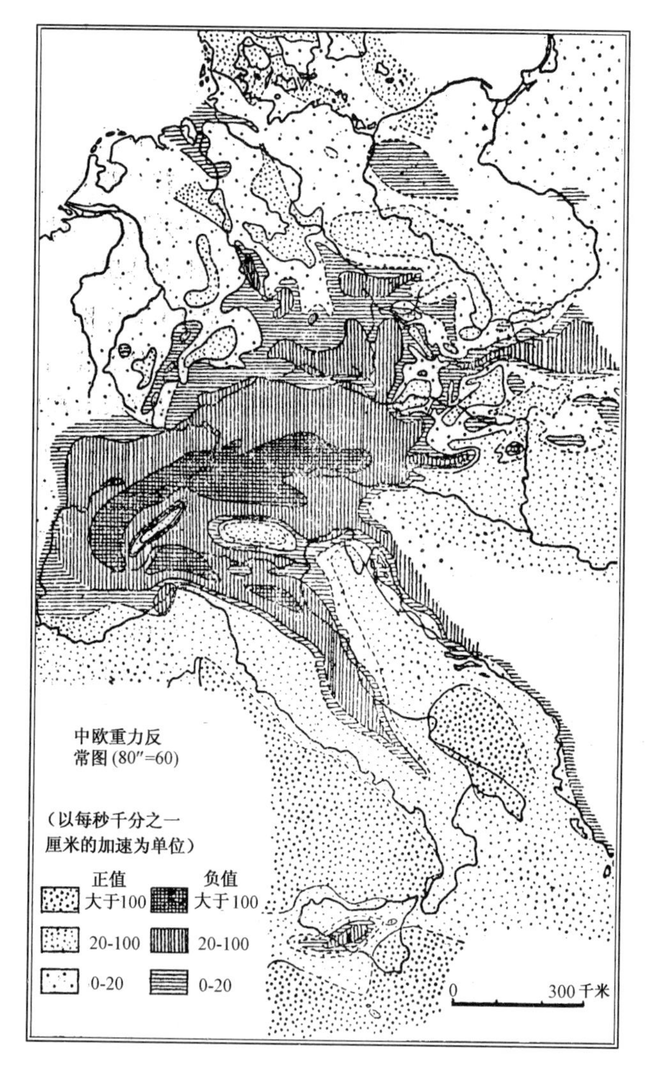

第 31 图　山脉底部的重力反常(科斯马特)

要弄清楚上述法则的意义，可看第 32 图。一个浮在硅镁质中的陆块发生了褶皱后，在硅镁层平均面以上及以下的部分总是保持同一的比例。若我们假定大陆块从 100 千米厚的硅镁质中浮露出 5 千米的高度，其比例为1∶20，则褶皱的硅铝层的向下部分一定比其向上部分大 20 倍。因此，我们所看到的山脉只是整个挤压物的一个极小部分，并且仅限于在压缩前即已位于大洋底上部的那些地层。所以位于这一大洋底平面以下的地层，在压缩以后虽然受到骚乱，却仍然位于大洋底下。因此，如果陆块的上部构造是一层 5 千米厚的沉积岩，那么整个褶皱山体开始亦将由沉积层所组成。只有这一层被剥蚀掉了以后，由火成岩组成的中央山脉才会经由均衡补偿作用而上升。最后在沉积岩层全部被剥除以后，就出现了具有同等高度的火成岩山体。

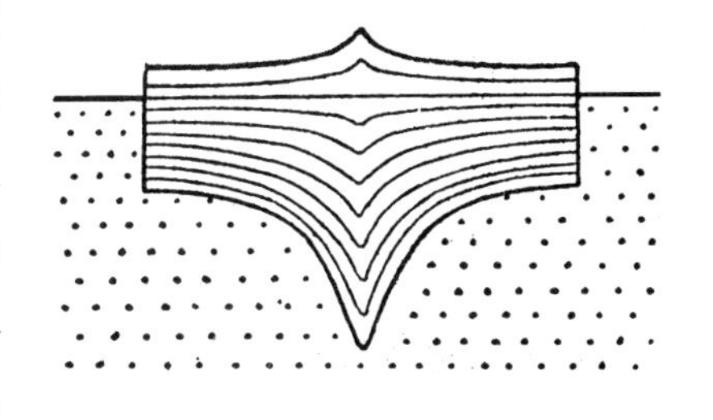

第 32 图　未经地壳均衡影响的压缩

喜马拉雅山及其邻近诸山脉当可作为第一阶段的例子。在这些沉积岩褶皱层中，侵蚀作用极为强烈，以致许多冰川都几乎被岩屑所掩埋着。例如巴耳托罗（Baltoro）冰川是喀喇昆仑山脉中最大的冰川，宽 1.5 千米—4 千米，长 56 千米，它荷负着至少 15 条以上的冰碛。阿尔卑斯山脉可作为第二阶段的例子。在这个阶段中，中央山脉已由火成岩所组成，但在山脉的两侧仍保留有沉积岩带。由于火成岩的侵蚀作用较为轻微，所以阿尔卑斯山的冰川上冰碛甚少，这是这里风景优美的主要原因之一。最后，挪威山脉可以代表第三阶段，这里沉积岩层全部被剥除，火成岩山体完全上升。这样，山脉沉积岩层的侵蚀带来了正常的均衡调节。

我们必须简短地谈谈几乎常常可以看到的褶皱山脉的不对称性。通常的规律是当你从一边行近一条山脉时，地势逐渐上升，还得经过一些山地丘陵和其他一些类似的地貌。但若从另一边走去时，则山前纵谷紧临褶皱山峰之下。关于这方面的记载是很多的。这个现象用大陆漂移说来解释最为简易：即硅铝质总在褶皱中向下方伸沉，后来向外扩展，在一定程度上渗入到未褶皱的地壳的下方，就把那部分地壳抬举上来（原来褶皱山脉的高度自然要相应减低）。若地壳在硅镁层上不作任何前进运动，上述的深层硅铝层当然向两侧作对称的扩展，但通常地壳总是在硅镁层上整块地流动着的（不计其褶皱运动），所以硅铝层势必发生偏于一方的扩展了。欧亚大陆块无疑地一直在力求向赤道移近，因而在硅美层上作向南的推移；同时，它们又可能和一般大陆一样向西漂移。因此，欧亚大陆对硅镁层的相对运动的总方向是朝向西南，也因此其下方的硅铝层的扩展必然偏向东北方。事实就是这样。如第31图所示，重力反常值的变动，也就是下沉的硅铝质的流动，在亚平宁山脉表现得最为明显。阿尔卑斯山的质量不足区还向东北方远达波希米亚的北界和德国中部。相反的，质量过剩的地带则从南方扩展到阿尔卑斯山脉的下方。这表明着该处的硅铝层并没有伸沉到相当于表面褶皱的深度。在这里，地壳均衡上发生了显著的偏差。这是容易理解的，因为如图所示，这里地壳基面的位置特别高，如果要保持均衡，陆块的厚度必然只能较薄；也就是说，这个地区陆块的上方表面必然极为低平，到处位于水面以下。另一方面，假如这里的陆块具有较高的海拔，那只有在破坏了地壳均衡的情况下才有可能，即这些地壳带必然与邻近岩层相固结而高出均衡位置之上。当然，F. 科斯马特的地图并没有直接指出这些均衡偏差值。

J. 霍尔（Sir James Hall）最早注意到褶皱山脉的沉积岩厚度总是比其邻近的未褶皱区为大。换句话说，在未褶皱以前，这些地区的沉积地层就比邻近地区厚。这个规律是如此普遍正确，以致不能不引起地质学家的郑重考虑。由于这些地区的沉积层常常厚达数千米，而它们又都必须在浅海中形成，这就不得不解释为在沉积过程中陆块同时沉降；沉积一面加厚，陆块一面下降，而地面总是维持同一高度。J. 霍尔认为这是在沉积层的重压下产生了均衡补偿运动的缘故，它和陆块在大陆冰块的重压下发生沉降是一样的道理。但是，为什么恰恰是这些负荷着特别深厚的沉积层的陆块部分后来才发生褶皱呢？原来这些具有深厚沉积层的地区称为大向斜（地槽）。按 E. 豪格所创立的定律，山脉是由地槽形成的。[1] 我们说山脉是由大陆棚形成的，这可能更为恰当些，因为一个边缘大陆棚（例如形成南美安第斯山的边缘大陆棚）就很难称之为一个地槽。为什么大陆棚容易发生褶皱呢？这是有不少理由的。首先，如前文所述，大陆棚内包含的硅镁质馅特大、特多，因此更具有可塑性；再者，这里的硅铝壳较薄，抵抗力也可能较弱。李德（T. M. Reade）则认为基岩被深厚的沉积物压降至高温地区，因而具有更大的可塑性。可能所有上述原因是共同作用着的。

如果检视一下褶皱山系的区域分布，我们看到地球上有两个地区最为显著：即漂移陆块的前缘和赤道地带，而以最近期即第三纪的大褶皱山系表现得特别清楚。主要的褶皱一方面出现在美洲陆块与澳洲、新几内亚陆块的前缘，另一方面则出现在第三纪时的赤道地带，从阿特拉斯、阿尔卑斯和高加索直到喜马拉雅。漂流陆块前缘的褶皱，初看起来是难以理解的，因为硅镁层当然是较为流动性的物质，硅铝层是较为刚性的物质。但我们应记住它们可比之于火漆和蜜蜡，如果把硅铝块比作固体的蜜蜡，当移动的力超过一定限值时，硅铝块就会褶皱起来，而硅镁层也会像火漆一样地流动（但这需要极为漫长的时间）。

上述两种褶皱山系（前缘褶皱与赤道褶皱）就整体来说恰恰相当于大陆块的两种运动，即向西漂移与离极漂移。把这个规律应用在较古老时代也是正确的，特别是石炭纪的褶皱山系中

[1] E. 豪格：《地质学论文集》（*Traité de Geologie*），第 1 卷《地质现象》（*Les phénomènes géologiques*）第 160 页，1907 年巴黎出版。

有形成安第斯山基础的古老褶皱，还有位于当时赤道地带的从北美横贯欧洲直到东亚的石炭纪山系。

常常看到平行的褶皱山系呈雁行状排列。若循其中一列山脉追踪而行，就迟早会走出该山脉的边缘，该山脉也就消失，而以其内侧的另一列山脉形成其边缘。再走了一段距离以后，第二列山脉又消失，如此反复，一直到走完全部雁行状排列的山脉为止。这种现象的产生是由于两陆块并不是直接相向作正面的推动，而是除正向推动以外，还有横向的移动。陆块相互间的不同运动所形成的各种后果，可如第33图所示，其中左方的陆块是假定为不动的，只是右方的陆块在运动。若是面对陆块的运动呈直角方向，就形成巨大的褶皱（逆掩冲断层或掩覆褶皱），不会形成雁行山脉；如果面对陆块的运动呈斜角方向，那就会形成雁行褶皱；运动的方向和陆块的边缘愈趋平行，形成的雁行山脉就愈狭愈低。如果运动的方向与陆块完全平行，就形成水平移位的滑面。最后，如果运动的方向是背离陆块的边缘，那就会产生斜断裂或正断裂，而形成裂谷。正常褶皱与雁行褶皱的关系用一块桌布就可以很清楚地演示出来，只要把代表固定陆块部分的布用锤压住，把其余部分的布对之推动即可。

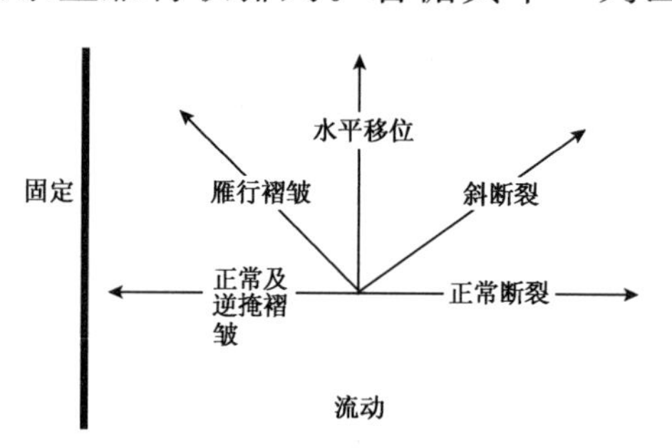

第33图　由于陆块向不同方向运动而产生的褶皱与断裂

上述各种概括性的考察说明了褶皱和断裂仅仅是同一过程（即陆块各部分间彼此推动）的不同效果，它们是从雁行褶皱到水平移位相互间的连续过程。因此我们现在也应该来论述一下断裂的过程。

东非大裂谷是这种断裂的最佳实例。这一大规模断层系统向北延伸为红海、亚喀巴湾（Gulf of Akaba）和约旦河谷，直至托罗斯(Taurus)褶皱山的边缘(第 34 图)。据最近的研究,这个断层系统也向南延伸到好望角。当然,发育最好的部分是在东非,[①]M. 诺伊梅尔与 V. 乌利格对此曾作如下的描述:[②]

这样一条 50—80 千米宽的裂谷包括了希雷河(Shire R.)与尼亚萨湖(Nyassa L.),从赞比西河(Zambesi R.)河口向北伸展,然后转向西北而消失。接着,极近此裂谷的地方另有平行的坦噶尼喀湖裂谷代之而起,此湖规模之大可由湖水深达1.7—2.7 千米,其岸壁陡坡高2—2.4 千米甚至 3 千米而想见其梗概。这条裂谷还包括了由此北伸的鲁西西河(Russisi R.)、基武湖(Kiwu L.)、阿尔伯特-爱德华湖(Albert Edward L.)和阿尔伯特湖(Albert L.)。裂谷的边缘高耸在地表之上,这与地壳发生裂隙后岩浆在断裂的边缘上自由涌升有关。这种熔岩高原边界的特殊耸起地形使得尼罗河的上游发源于坦噶尼喀裂谷边缘的东坡,而坦噶尼喀湖水本身则流入了刚果河。第三条明显的裂谷位于维多利亚湖以东,北延为鲁道尔夫

第 34 图 东非裂谷(苏潘)

① 梅耶尔(Oskar Erich Meyer):《东非的裂谷》(*Die Brüche von Deutsch-Ostafrika*)一文,载 1915 年《矿物地质及古生物新年报》(*Neues Jahrb. f. Min., Geol. und Paläont*)第 38 号第 805—881 页。

② M. 诺伊梅尔与 V. 乌利格:《地球的历史》(*Erdgeschichte*)第 1 卷"普通地质学",第二版第 1—367 页。1897 年莱比锡与维也纳出版。

湖，转向东北，在阿比西尼亚高原东侧一面伸向红海，一面伸向亚丁湾。在东非的沿海与内陆地区，这些断裂通常都是以向东逐步下降的阶状断层的形式出现的。[①]

第 34 图有一个用相同的黑点以表示为裂谷底部的大三角形地区，它位于阿比西尼亚高原与索马里半岛之间，即在安科伯尔（Ankober）、柏培拉（Berbera）与马萨华（Massowa）之间。这个三角形地区具有特殊的意义。这是一个相当平坦而低陷的地区，全由近代火山熔岩组成，很多作者认为它是由裂谷底极度扩大而成的。这个见解主要是从红海两侧的海岸线的趋势推想出来的。红海两侧的海岸线大致平行，仅在此处有三角地区凸出，如把这个三角地区切除，则对岸的阿拉伯半岛上的岬角正好填满这个缺口。照上文所说，这个三角形地区的形成，显然是由于阿比西尼亚山地下方的硅铝质向东北方面扩展而在陆块的边缘流露了出来。可能那时的裂隙中已填满了硅镁质，因此上升的硅铝质就戴着硅镁质的帽子。要不然，也许在这个涌升的硅铝质中包含着大块的硅镁质馅，它后来就像在冰岛一样是被挤上来的。总之，从这地区的大大高出于洋底看来，在该熔岩流的下面暗示着必有硅铝质的存在。

造成东非这些脉络状断裂线的日期应是在地质史上较新的时代。在很多地方，这些断裂线切断了近期玄武岩熔流，有些地方还切断了上新世的淡水沉积层。因此，无论如何，它们决不会形成于第三纪末期以前。另一方面，从位于裂谷底部内陆湖畔的标志着高水位的上升湖滩看来，它们在更新世时已经存在。在坦噶尼喀湖中存在着原来显然是海栖的后来才逐渐适应于淡水环境的动物（残遗动物），这表示着该湖已存在了较长的一段时期。但是断裂带经常发生地震和强烈的火山活动却又表明其分裂过程至今还在继续进行着。从这些裂谷的力学意义上看，剩下的问题是：它们是处于两个陆块完全

---

① 参照奥勃斯特（E. Obst）的东非东北部的无流裂谷地图。

分离的最初阶段，也就是说现在是处于断裂刚刚开始而尚未完全分离的状态呢？还是早已分裂而后由于张力减弱而再趋静止的呢？按照我们的想法，两陆块的逐步分离将如第35图所示的那样，首先在较具脆性的上层产生一个开口的裂缝，而较具可塑性的下层仍然连接着。由于裂隙陡壁（陡壁的高度不定）上的岩石对压力无法抵抗，在断裂的同时形成了倾斜的

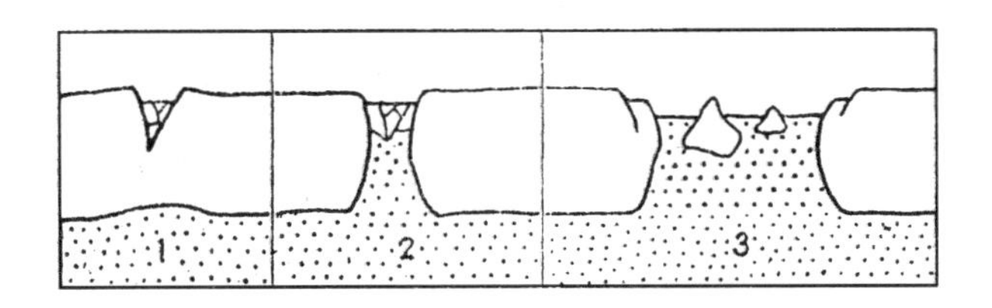

第35图　断裂示意图

滑面，沿滑面的两陆块的边缘部分就滑落到张开的裂隙里去，同时发生了很多局部地震，因此所能看到的裂谷深度不大。裂谷底部填塞了许多断块，这些断块的岩石和裂谷边缘上部高处的残积岩块是同一物质组成的。在这个阶段，裂谷还没有得到均衡补偿。按科尔斯旭特（E. Kohlschütter）的见解①，东非这些近期裂谷大部分是属于这种情况的。由于存在着未经补偿的质量不足，就相应地出现了重力反常；并且由于裂谷的两侧具有均衡补偿的隆升，就产生了这样一种印象：仿佛裂谷线是沿着一个背斜轴穿过的。莱茵河地堑两侧的黑林山（Black Forest）和孚日山（Vosges）是这类边缘隆升的鲜明例子。最后，等到裂缝向下扩展到切断了整层陆块时，硅镁质自将向裂开处上升，原来的质量不足现象因之消失，而裂谷就其整体说来也得到了均衡补偿。在很多地方，裂谷的底部从边缘开始完全为碎片所掩盖；但由于断裂继续扩大，硅镁质必然会终于浮露到自由表面上来。按特雷尔齐（Triulzi）与O.赫克

---

① E.科尔斯旭特：《关于东非地壳的构造》（*Über den Bau der Erdkruste in Deutsch-Ostafrika*）一文，载1911年《哥丁根科学协会汇刊，数学物理专号》。

尔的见解，就红海大裂谷的情况来说，断裂已是得到了均衡补偿，并发展到裂谷深处的硅镁质已经浮升上来的阶段。如果陆块再进一步扩大，则从裂隙边缘掉下来的碎片将成为浮在硅镁质上的岛屿。应当注意的是，这些碎片虽然可能和陆块一样高甚至更高些，但却不一定具有和陆块同样的厚度。不过它们的沉没在硅镁质下的部分总是要比浮在硅镁质上的部分庞大些，因此它们沉没在深海底面以下部分的重量和浮在深海底面以上部分的重量的比例也必然要和大陆块浮在硅镁层之上的情况一样。关于裂谷性质的所有这些观念和现在所流行的各种观念非但不相矛盾，并且还是相互有所补益的。

就像一个单一的断裂有时可以化成一大片网络状的小断裂(东非网状裂谷伸展到红海化成单一断裂即属此例)，广大地面的破裂也可以由一个单一的断裂来造成。爱琴海就是一个最好的例子。在这里，广大的地面在较新的地质时代中破裂成分散的碎块，沉没在不同的深度中。这就必须假定岩圈的下层伸长了，裂隙向下逐渐消失。第36图所示，岩层伸长的水平距离可从倾斜的断裂面上量算出来。在其他很多地方，例如澳大利亚大陆与塔斯马尼亚岛间的巴斯海峡中，陆块也显然是按相同的过程沉陷下去的。但显而易见，这种沉陷是有一定的限度的，因为即使两个陆块完全撕裂分离了，碎片沉陷到深海底也需要相当长的时间。按我们的推测，英吉利海峡与北海的沉陷，以及英格兰四周其他一些原为陆地而现在已转变为大陆棚一部分的沉陷，是在纽芬兰从爱尔兰分开时发生的。但它们却仅仅成为浅水的陆棚，因为陆块的完全分离发生在更远的西方。

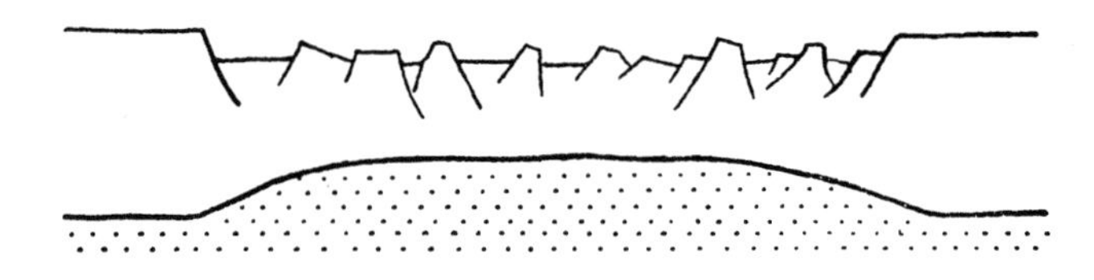

第36图　由于地壳下层伸长而形成的大规模陷落(示意图)

如果考察一下硅铝壳上主要裂隙的地理方位，就可以看出：它们大都是南北向的，虽然也有不少例外。不仅是上述的东非裂谷带和渐新世的莱因地堑是如此，以第三纪的地极位置来说，大西洋裂隙的方位主要是南北的。东非东海岸的断裂线也是一样。南美、南非和印度大陆的向南尖削也可以看作是向南极伸延的南北向断裂。

第12章

大陆边缘

在大陆块边缘的深海底下，有一个近乎垂直的硅铝层与硅镁层的分离面，它和轻物质与重物质间的自然层面排列不同，而仅是由于硅铝块的固体性而存在。因此，这里有一种力求达到物质自然层面排列的特殊力量在作用着，而它和陆块的分子力持相反的方向。与此有关的一系列现象将在下文进行讨论。

当“弗拉姆”(Fram)号航行在北冰洋陆棚边缘时，萧兹(Schiötz)进行了重力测量，后来F. R.黑尔茂特[①]又对这些资料进行了详细的计算，他们首先观察到在陆块边缘的摆的运动反映出一种特殊的重力扰动，其情况大约如转录黑尔茂特的第37图所示。当从陆地走向海边时重力逐渐增加，到海岸达最大值。越过海岸线，重力又急速下降，至深海底的边缘降至最小值。过了此线离海岸远出，重力又恢复正常。这种重力扰动的发生原因大致如下：当观察者从正常值的内陆走向最大值的海岸时，也就是走向位于侧下方深海底的较重的硅镁层。虽然这个重力

① F. R.黑尔茂特：《从普拉特假说的均衡面深度探讨海陆内部的地壳重力均衡与大陆边缘的重力扰动过程》(*Die Tiefe der Ausgleichfläche bei des Prattschen Hypothese für das Gleichgewicht der Erdkruste und der Verlauf der Schwerestörung vom Innern der Kontinente und Ozeanenach den Küsten*)一文，载1909年《普鲁士科学院汇刊》第18期第1192—1198页。

过剩会由于4千米厚的陆地表层被较轻的海水所代换而有所抵消，但这层海水位于观察者的侧方而不在其下方，因此重力不但没有减低到正常值，反而由于大陆台地的吸引形成了铅垂线的偏向大陆。当观察者从海上走向海岸时，情况恰恰相反。由于他下方的物质重量减小，重力值减低，而在他的陆地一边物质重量的增加只能影响重力的方向，却并不能影响重力的数值。因此产生了最小重力值。

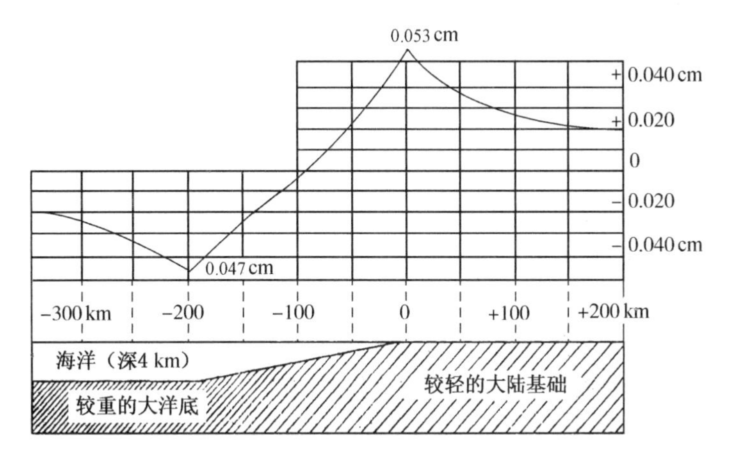

第37图 大陆边缘的重力扰动(黑尔茂特)

岛与岛群作为漂浮在硅镁层上的孤立硅铝碎片的顶部，它们就必然被一圈环状的重力扰动区所包围。因此，在岛屿上特别在岛的岸边，重力值总是大于正常值；而在岛屿外围的海洋上，重力值则总是小于正常值。很早以来，在岛屿上用重力摆测定的结果都表明其重力超过正常，这个现象至此获得了解释。许多学者认为太平洋诸岛仅仅是立足在深海底上的纯火山锥，由深海底支持着它们的重量。这一见解并不能为重力测定所证实。而C.加盖尔对于加那利群岛和E.豪格对于太平洋诸岛的见解(即主张它们是硅铝圈的碎片，在很多情况下它们完全为熔岩所掩覆，因而硅铝片的核心都未显露)，却获得上述重力测定的结果的支持。

这些情况还可以从另一个角度来探讨，即用来直接解释它们的效果。按照和海洋区域不同的法则，在一个大陆块上，压力必定随深度增加而增大。如果我们比照同一深处的压力[①]，我们发现在所有的大陆块上(除了它的表面及底面)，压力总是比海洋区域大。若是我们以第三章第 5 图上所假定的数字比例为根据，则计算得大陆台地的压力过剩值如下：

在高出 100 米处，压力过剩为	0 个大气压
在 0 米高处，压力过剩为	28 个大气压
在 4700 米深处，压力过剩为	860 个大气压
在 100000 米深处，压力过剩为	0 个大气压

这样，在最下层的部分压力过剩增加极快，因为这里在陆地上是岩石，在海洋上却是空气。在中层部分压力过剩低到最上层的 2/3，因为这里在海洋上是水体。在深海底上压力过剩最大。再往深处又重新减小，因为这里在深海区下是较重的硅镁层，所以压力加速增大，而在大陆块的底面则压力当处于均衡状态。这种压力差在垂直的大陆边缘上产生了一种力场，它力图使大陆台地的物质挤压到大洋区域方面去，大部分是挤压到大洋深海底层中去。[②] 假如硅铝层是可以流动的话，它就会漫溢到这一层中去了。但是情况并不如此，因为硅铝层具有足够的可塑性，在一定程度上可以抵抗这种强大的压力，所以在大陆边缘上形成阶梯状的断裂，如第 38 图所示。较深的可塑性层的边缘前向流动也说明了大陆边缘已开裂而远远分离的事实，如南美洲与非洲，在其海岸线上比在其大陆坡与深海底间的界线上更好地保持着平

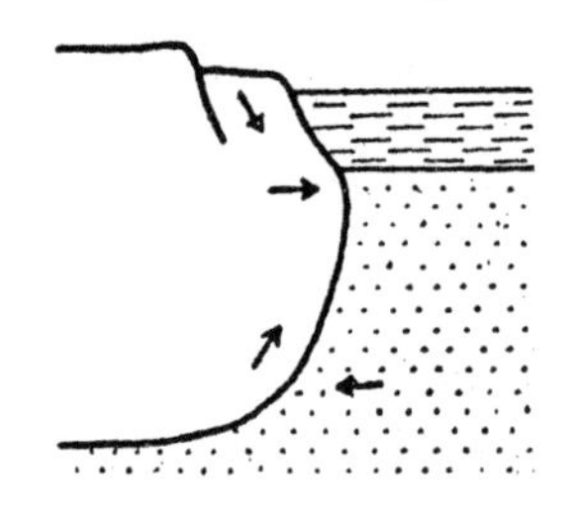

第 38 图　大陆边缘受压的后果(示意图)

---

① 严格地说，这里指的是垂直压力。按 M. P. 鲁兹基的说法，作用于一个立方形固体物质上的压力有 6 个，即与面作正常的压缩力 3 个，与面作沿切线的拉力 3 个。扩大(膨胀)可看作是负的压缩，因此压力可正可负。在这里拉力是假定不存在的。

② B. 维理士认为是较重的海洋岩层向大陆块的深层方面挤压，与上述关系恰恰相反，见其所著《中国的研究》(*Research in China*)第 1 卷第 115 页，1907 年华盛顿出版。

行性。

可以相信，在海岸附近之所以常常发生火山作用是由于大陆块中包含的硅镁馅被上述力场挤出的缘故。特别是对于被这种力场所围绕的大洋岛屿，这种解释尤为切合。

当可塑性的大陆块为内陆冰所压覆时，在大陆的边缘必然产生一种特殊的力。假如把一块可塑性的饼压在重物下面，饼的厚度就会减小，向水平方向扩展，而在其边缘上产生坼裂，这就是形成峡湾的道理。这种峡湾在所有过去被冰川覆盖过的海岸上都如出一辙地存在过，如斯堪的纳维亚、格陵兰、拉布拉多、48°N 以北的北美太平洋岸、42°S 以南的南美太平洋岸以及新西兰的南岛等地。关于峡湾的形成，格里哥利(J. W. Gregory)曾作过广泛的研究(可惜没引起足够的重视)，并推断它是断层形成的。[①] 根据我自己在格陵兰与挪威的观察，我认为把峡湾看作是侵蚀谷的说法是不正确的，虽然这种说法目前还很流行。

从大西洋两侧大陆边缘上的大量海深测量资料中，我们注意到一个特殊的现象，即在海底上看到了陆地河谷的延续，如圣劳伦斯河谷在大陆棚上一直延续到深海边，哈得孙河谷也伸延入海达 1450 米深处。在欧洲方面也是一样，在塔古斯(Tagus)河口以外，特别是在阿杜尔(Adour)河口以北 17 千米的布雷顿(Breton)角海凹都有海底河谷的延伸。其中最为典型的是南大西洋上的刚果河海沟[②]，它向外伸延到 2000 米的深处。按照通常的解释，这些海沟乃是下沉的侵蚀谷，它们是在水面以上形成的。依我看来，这种说法很不可信。首先，不可能有如此大幅度的下降；第二，不可能分布得如此普遍(如果有更多的深度测量记录，那么它们将在所有的大陆边缘都有出现)；第三，它们只在某些河口外有此现象，而在处于这些河口中间的另一些河口外

---

① J. W. 格里哥利：《峡湾的性质与起源》(*The Nature and Origin of Fiords*)一书，共 542 页，1913 年伦敦出版。

② 参看 G. 萧特：《大西洋地理》(*Geographie des Atlantischen Ozeans*)一书中的附图，第 102 页，1912 年汉堡出版。

却无此现象。因此，我认为海底河谷很可能就是曾被河流利用过的大陆边缘的裂谷。就圣劳伦斯河来说，它的河床的具有裂隙性质事实上已在地质学上被证实。至于布雷顿角海凹，它位于比斯开湾深海裂谷的最内部顶端上，像打开的书本一样。单就它的位置来说，也就言之成理了。

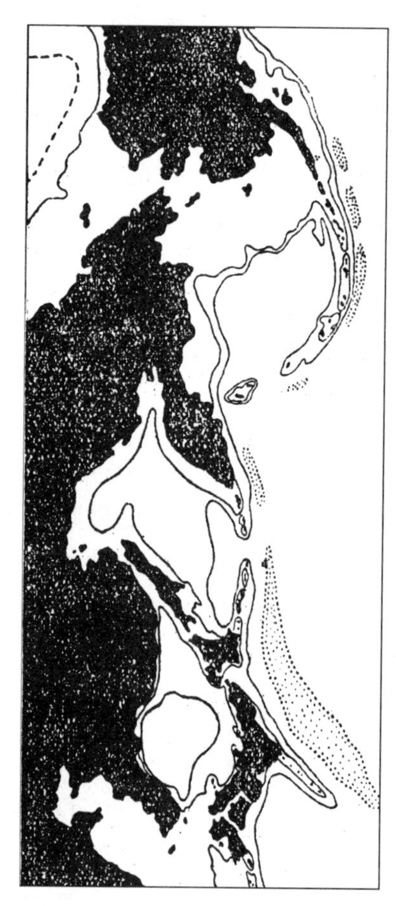

第39图　东北亚花彩列岛

等深线200—2000米；密点为洋底

但大陆边缘上最具兴趣的现象还是花彩岛。这种花彩岛在东亚发育得特别好（第39图）。如果考察一下它们在太平洋上的分布，我们看到它们形成规模宏大的系列。若是我们把新西兰看作是澳洲过去的花彩岛，那么整个太平洋西岸都被花彩岛环绕着，而东岸却没有。在北美洲，尚未发育但已开始形成的花彩岛也可在50—55°N之间的分离的岛屿上看到，即如旧金山附近沿岸的弧形突出和加利福尼亚海岸山脉的分离等。南极洲的西南部也可以看作是花彩岛（这里可能是一种双列花彩岛）。总的说来，花彩岛的现象指示出大陆块在太平洋西部漂移着，漂移的方向是西北偏西；按更新世的地极位置，大致是正西向。这个方向也和太平洋的长轴（南美洲到日本）符合，并和古代太平洋岛群如夏威夷、马绍尔（Marshall）与社会（Society）等群岛的主要方向一致。深海沟（包括汤加海沟在内）都是与漂移方向相垂直的裂谷，因此它们和花彩岛并行。当然，所有这些现象是互为因果的。假使我们取一块圆形的橡皮板而向一个方向拉长，我们就看到同样的情形：一方的直径增长，另一方的直径减短。由于橡皮板的伸长，所有的点群（即岛群）就延长为平行于伸长方向的链锁，而裂缝则朝着垂直于拉力的方向撕开。因此，东亚花彩岛是与整个太平洋的构造有密切关系的。

完全相同的花彩岛见之于西印度群岛。在火地岛与格雷厄姆地之间的南安的列斯弧也可以看作是独立的花彩岛，虽然它稍微具有不同的意义。

十分明显，花彩岛都呈同样的雁行状排列。阿留申群岛是一条链锁，但它东延到阿拉斯加时已不是一条海岸山脉，而是从内陆伸展出来的了。它们终止于堪察加半岛附近，并从堪察加内陆山脉开始伸延为千岛群岛，形成最外一列的花彩岛。这条弧又终止于日本附近，代之以库页岛与日本列岛的内陆山脉。自日本向南，这种排列继续延伸直到巽他群岛，然后这种关系才混乱起来。安的列斯群岛也形成与上述完全相同的排列。很明显，这种花彩岛的雁行状组成是过去大陆海岸山脉雁行状排列的直接后果，是以上述雁行状褶皱的一般法则为其根源的。岛弧长度的大致相等（阿留申弧长 2900 千米、堪察加－千岛弧长 2600 千米、库页岛—日本列岛弧长 3000 千米、朝鲜－琉球弧长 2500 千米、台湾—婆罗洲弧长 2500 千米、新几内亚—新西兰弧长 2700 千米），也是非常值得注意的现象[①]。其所以如此，在构造上可能是由过去海岸山脉系统的结构所先期决定的。

花彩岛在地质构造上具有奇异的同一性，已于上文说过。其凹边总有一系列的火山，这显然是由于弯曲而挤出了硅镁馅所引起的压力的结果。另一方面，其凸边常具有第三纪沉积层，

① 西印度弧的长度却是递减的：小安的列斯—南海地—牙买加—莫斯基托（Mosquito）浅滩长 2600 千米，海地—南古巴—米斯特里欧萨（Misteriosa）浅滩长 1900 千米，古巴弧长 1100 千米。

但在与其相应的大陆海岸上却往往没有这种沉积岩。这就说明花彩岛与大陆的分离是在最近的地质时期中才发生的，而在这些沉积层形成时，花彩岛仍属大陆的边缘部分。由于弯曲而产生的张力的结果，第三纪沉积层到处受到极大的扰动，引起了裂隙与垂直断层作用。日本的本州由于过分强大的弯曲而发生破裂，形成大地沟。虽然由于拉伸的结果产生了普遍的沉降，但花彩岛的外缘部分却略见上升。这说明花彩岛还具有倾斜运动，这是由于当其两端为大陆的向西漂移所拉动时，其下部深处却被硅镁质所拉住。花彩岛的外缘常常出现深海沟，显然也和上述过程有关。引人注意的是，深海沟从来不出现在大陆与花彩岛之间的新露出的硅镁层表面上，而常常仅见于花彩岛的外缘，即在古老的洋底的边缘。深海沟好像是一种断裂，其一侧为极度冷却的古洋底（已固体化到很大的深处），另一侧则为花彩岛的硅铝物。在硅铝质与硅镁质之间形成这一种边缘裂隙是可以理解的，与上述花彩岛的倾斜运动也很合拍。

从第 39 图上可以看出，在花彩岛后方的大陆边缘都具有显著的凸出的轮廓。特别是除海岸线本身以外，再考察一下 200 米等深线，就可以看到大陆边缘往往具有反 S 形的轮廓，而位于其前方的花彩岛则形成一个简单的凸弧。二者的关系有如第 40 图 B 所示。这种现象也从第 39 图的三个花彩岛上同样表示出来。澳大利亚、新西兰东部大陆边缘及其古花彩岛（由新几内亚与新西兰的东南延伸部分所组成）也是同样的例子，这些弯曲的海岸线标志着平行于海岸山脉走向的方向的一种压缩，它们可以被认为是一种水系的大褶皱。这是整个东亚所经受

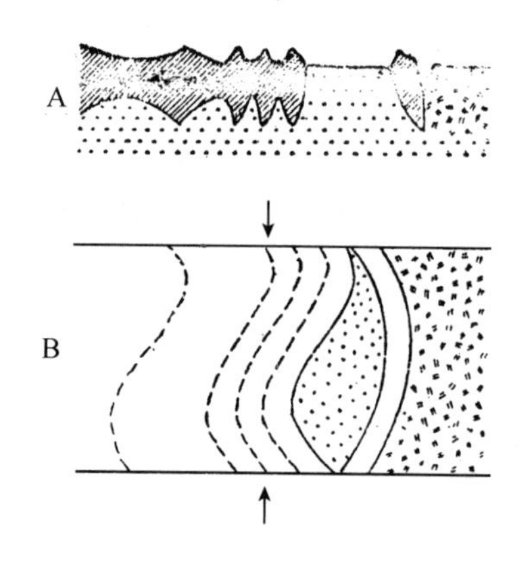

第 40 图　花彩列岛的形成
A，剖面；B，平面；虚线表示大为冷却的硅镁质部分

到的东北—西南方向的压缩现象的一部分。要是试把这条弯曲的海岸线拉直,那么现今从中印半岛到白令海峡的距离 9100 千米将增加到 11100 千米。

总之,按照我们的见解,花彩岛(尤其是东亚花彩岛)可认为是由于大陆块向西漂移而与大陆分离的边缘山脉。它们粘附在固体的古老的深海底上,并在花彩岛与大陆边缘之间露出窗户状的较新的更富流动性的深海底。

上述学说和从别种假定出发而创议的李希霍芬(F. v. Richthofen)的学说是不同的。F. v. 李希霍芬认为:花彩岛是由从太平洋发生的地壳内部的张力所形成的。[①] 这些花彩列岛,连同邻近大陆上具有弯曲的海岸线与海岸山脉在一起,形成了一个大断裂系统。在列岛与大陆海岸之间的地区是第一个大陆阶梯。由于倾斜运动的结果,这个阶梯的西部沉陷到海面以下,而其东部则仰露为花彩岛。F. v. 李希霍芬认为:在大陆上还可以找到两个同样的阶梯,只是它们沉陷得少些罢了。至于这些断裂何以呈有规律的弧弯形式,对它的解释当然是一个困难。但看到沥青及其他物质也出现弧形龟裂时,这一疑难也就不存在了。

应当充分承认:F. v. 李希霍芬第一个有意识地放弃了所谓普遍有效的弧压力的说法,而引用了张力来解释地球的结构。他的学说具有历史性的价值。虽然如此,他的学说和今天的知识不相符合是一眼就可以看出的。在海洋深度图(虽然由于测点不多还不够完备)上清楚地表明:花彩岛与大陆块之间的连接多半是断绝的。

假如大陆块的移动如东亚一样并不与其边缘成直角方向,而是与边缘平行的话,则沿岸山脉将因水平推动而消失,

---

① F. v. 李希霍芬:《东亚山系在地貌学上的研究》(*Über Gebirgskettunge in Ostasien. Geomorphologische Studien aus Ostasien*)一文,载 1903 年柏林《普鲁士科学院院报物理数学专刊》第 40 号第 867—891 页。

在海岸山脉与陆块本部之间也不会出现硅镁质的窗户。其基本原理实和用来说明陆块内部同类现象的第 33 图一样,只要设想把它移到大陆边缘部分即可。今假定陆块先移向硅镁质层,形成了边缘褶皱,有时按不同的运动方向还出现逆掩褶皱、冲断层或雁行褶皱;再假定陆块后来又移离深海底,则海岸山脉自必与大陆分裂开来。如果运动是水平方向的,我们将看到具有水平移位的断层,而边缘山脉将发生纵向的滑动。在这种情况下,山脉也仍然粘附于固体化的深海底上。这种过程反映得特别清楚的是在德雷克海峡海深图(第 14 图)上的格雷厄姆地的北端。巽他群岛的最南一列,即从松巴岛(Sumba Ⅰ.)—帝汶岛—西兰岛(Ceram Ⅰ.)到布鲁岛一列也是这样,它以前虽然是苏门答腊前方岛屿向东南方向的延续部分,以后却从爪哇岛的侧面滑移过去,直至为逐渐靠拢的澳大利亚、新几内亚陆块所挡住。

加利福尼亚是另一个例子。加利福尼亚半岛在其旁侧的凸出部分显示出拉扯现象。这个凸出部分像是陆块朝东南方向推动的结果。半岛的北端因受到前方硅镁质的阻挠已经加厚到成为铁砧形,而整个半岛同加利福尼亚湾的轮廓比较起来似已大大缩短。据 E. 博斯和维提希(E. Wittich)的研究[①],其最北部分仅是在最近才隆升出海面的,隆升的高度达 2000 米,足见其压缩的强烈。从轮廓看来,半岛的南端过去无疑是位于其前方的墨西哥海岸的缺口内的。从地质图上可以看到两处都存在着前寒武纪的侵入岩,但它们二者之间的同一性还没有得到证实。

除了半岛本身的缩短以外,看来还有一种向北方的滑动,[②]其紧接于北方的海岸山脉也参与了这个滑动。旧金山附近海岸线的显著凸出也可用同样的压缩来解释。1906 年 4 月 18 日旧

① 见 E. 博斯的短信,发表于《墨西哥地质研究所汇刊》。

② 或许是大陆本部对硅镁质作向南移动,半岛相对地落后了。

金山大地震中产生的著名断层是对这种见解的有力证明，如采自鲁兹基的第 41 图所示。[①] 这次断裂使东边部分向南移，西边部分向北移。实际测量的结果也和预期的相同，表示出这一急剧的移动在离裂隙稍远的地方移动量逐渐减少，在更远的地方其移动量就小到无法记录了。当然在移动之前裂隙处的地壳已经在缓慢地不断运动中。劳孙(Andrew C. Lawson)曾把 1891 年和 1906 年两次移动中断层运动的方向作过比较，他根据阿雷纳角(Point Arena)测点组的观察，作出如第 42 图所示的结论：

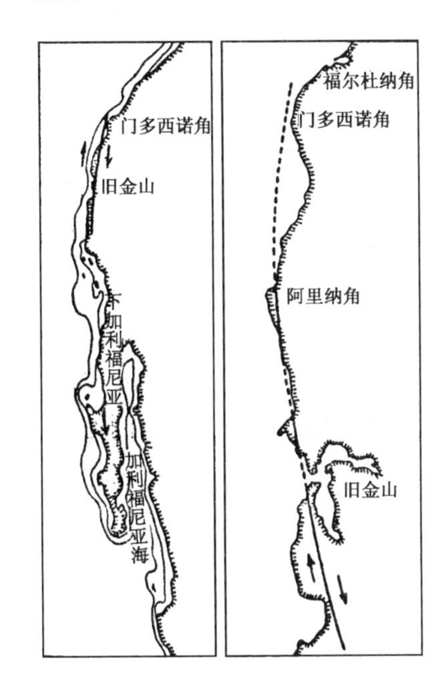

第 41 图　加利福尼亚州和旧金山的地震断层

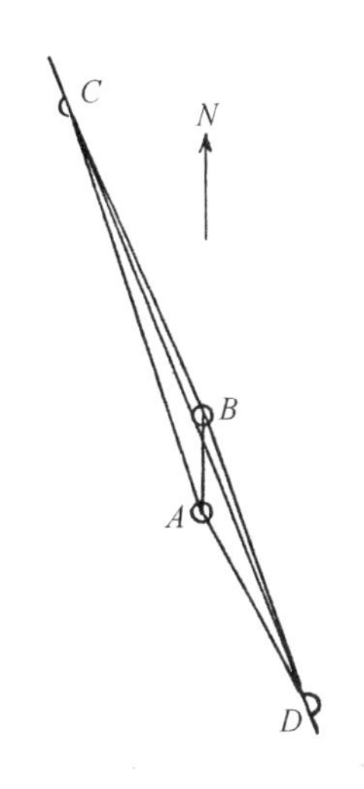

第 42 图　和裂隙斜交的一种地表物体的运动(劳孙)

即在 1906 年断裂面上的一个地表物体自 1891 年以来从 A 点移动到 B 点，约移动了 0.7 米的距离。以后由于裂隙的形成，这个

① M. P. 鲁兹基：《地球物理学》第 176 页，1911 年莱比锡出版。并可对照 E. 塔姆斯：《1906 年 4 月 18 日加利福尼亚地震的起源》(*Die Entstehung des kalifornischen Erdbebens vom 18. April, 1906*)一文，1918 年《彼得曼文摘》第 64 期第 77 页。

物体分为两半，西半部向 C 点移动了 2.43 米，东半部向 D 点移动了 2.23 米。在 A 点与 B 点之间的连续移动（应看作是与北美大陆相对的运动），表明了大陆的西缘由于粘附在太平洋的硅镁层上总是不断向北方退后。裂隙只标志着一种对于压力的调节，并不能推动整个大陆块[①]。

与此相关，我们将讨论地壳上另一个研究得很少但极为有趣的部分，即中印半岛的大陆边缘。这里，苏门答腊以北的一个深海盆地特别引人注意。马六甲半岛的山脊和陡立的苏门答腊北端是相对应的，但即使把马六甲半岛拉直，也已不可能再把苏门答腊以北的那个暴露为窗形的硅镁圈覆盖住了。在窗形硅镁圈的前方还可看到安达曼岛山。对此我们显然必须作这样的假说：即喜马拉雅山系的巨大压缩对中印半岛山脉起了一种沿南北方向的拉力作用。在这种拉力的影响下，苏门答腊山脉的北端乃与半岛扯裂开来，其更北的部分（阿拉干山脉）就像绳的一头那样向北缩进大压缩带中去了，直到今天，还在不断拉缩着。在这种大规模的水平移动过程中，其两侧必然会形成各种不同的断裂面。令人注意的是：最外缘的一列岛山（安达曼与尼科巴群岛）牢固地粘附在硅镁层上，只是内列岛山才具有突出的移动。

第 43 图　中印半岛的海深图

最后，要谈谈为一般人所熟悉的太平洋型与大西洋型海岸的差别。大西洋海岸大多为高原台地的裂隙，而太平洋海岸则

① A. C. 劳孙：《加利福尼亚海岸山脉的移动》（*The Mobility of the Coast Ranges of California*）一文，载 1921 年《加利福尼亚大学学报》，第 12 卷第 7 期地质专号，第 431—473 页。

多属边缘山脉和其前方的深海沟。具有大西洋型构造的海岸，包括东非(含马达加斯加在内)、印度、澳洲西部与南部以及南极洲东部等地。具有太平洋型的海岸，则有中印半岛与巽他群岛的西岸、澳洲的东岸(包括新几内亚与新西兰)及南极洲西岸。西印度群岛(包括安的列斯在内)也是太平洋型。这两种类型不但结构不同，重力分布的状态也互异。① 大西洋海岸除了上述的大陆边缘外，均处于均衡补偿状态中，即漂浮的陆块是保持着均衡的。在太平洋海岸上则不然，重力分布常常是不均衡的；并且，大西洋海岸上一般少地震与火山作用，而太平洋海岸则地震与火山喷发都很频繁；即使大西洋型海岸上有火山喷发，其喷出的岩浆据贝克的研究也和太平洋火山喷出的岩浆有一系列矿物学上的差异。它们大都比较重些，含铁也多些，看来是从地层更深处喷发出来的。②

按照我们的见解，大西洋岸都是中生代和中生代以后由于陆块分裂而形成的。海岸前方的海底显示出一种出露较新的硅镁层面，因此应该认为是较具流动性的。这样看来，这些海岸的处于均衡补偿状态也就不足为奇了。再者，由于硅镁质的较大流动性，大陆边缘对移动的抵抗力小，所以没有褶皱，也没有挤压，不发生海岸山脉或火山作用，地震也不致发生。也就是说，这是因为流动的硅镁质可以始终依顺各种可能的运动。夸大些说，在这里的大陆块就像浮在水中的固体冰块一样。

---

① O. 梅斯纳尔：《地壳均衡与海岸类型》(*Isostasie und Küstentypus*)，1918 年《彼得曼文摘》第 64 期第 221 页。

② W. 彭克又从中区别出第三种更重的岩浆，他称之为北极地岩浆，认为其发源地当在更深之处，见所撰《地球上山脉的起源》，载 1921 年《德国论评》。

第 13 章

大陆漂移的动力

虽然初看起来大陆的漂移显出一幅极为复杂的各种运动的情景，但却只有一条大原则：即大陆块移向赤道和向西漂移。因此我们应该分别考查这个运动的两种分力。

大陆的导向赤道的运动即离极运动，已被不少学者特别是 D. 克莱希高尔[①]和 F. B. 泰罗[②]所假定。这种运动在较大的陆块上比在较小的陆块上更易看出，而在中纬度地带最为强大。它在欧亚大陆上的喜马拉雅及阿尔卑斯第三纪大褶皱带的排列上表现得特别明显。这些山系当时形成在赤道上，并表现为亚洲东岸的凸出压缩轮廓。离极漂移在澳洲也很清楚。由于澳洲向西北方漂移，使一系列的岛屿变形，形成巽他群岛、新几内亚的高大而年轻的山脉以及落后于东南方的古花彩岛——新西兰。在北美洲，离极运动形成了格临内耳地的相对于格陵兰（或拉布拉多的相对于南格陵兰）的向西南漂移，还表现为分离开的加利福尼亚海岸山脉的初步纵向压缩

---

① D. 克莱希高尔：《地质学上的赤道》，1902 年希太尔出版。

② F. B. 泰罗：《第三纪山带对地壳起源的意义》（*Bearing of the Tertiary Mountain Belt on the Origin of the Earth's Plan*）一文，载 1910 年《美国地质学会会刊》（*Bull. Geol. Soc. Amer.*）第 21 卷第 179　226 页。

以及与此有关的旧金山的地震断层。即使小陆块如马达加斯加也向赤道移动，因为它已从与非洲大陆开裂时的位置移向东北了。当然，这也可能是被硅镁岩流所带动的结果。今日的非洲和南美洲位于赤道上，它们在经线上的移动很小。南美洲在第三纪时经受到大规模移动，并隆起了南美安第斯山。这种移动对当时的地极来说是朝向西北方向的，因此也是一种离极运动。南极洲可能也有同样的情况。

从第三纪到今天，雷牟利亚大陆的压缩从它的最初阶段看来也是一种离极移动。当然今日它位于赤道以北10—20°，因此离极移动只能减少其褶皱。由于我们只能决定其相对的移动，所以如何理解这个运动还很难说定。或许印度是被北流的硅镁层挤到亚洲的内部去的，也可能大部分褶皱是亚洲的离极移动所产生的。后一说似较前一说更为正确些。

另一个分力，即大陆的向西漂移，一看世界地图就很清楚。大陆块在硅镁质中向西移动，因此石炭纪时原始大陆的前缘（美洲），就已因受黏性硅镁质的阻力而褶皱起来（前科迪勒拉山系）。原始大陆的后缘（亚洲）则脱落下了沿海山脉与碎片，它们牢牢地粘附在太平洋的硅镁底上，成为岛群。太平洋东岸与西岸间的这种对照在今日是十分明显的。在东亚，很多边缘山脉的脱落与遗弃过程在此发生，还有经线方向的压缩，因此差异就特别显著。向南伸延的中印半岛与巽他群岛大陆瓣，因大陆的向西漂移而相对地落后于东方。在同一方向上，锡兰岛（今斯里兰卡岛）也脱落于印度南端。在南边的澳大利亚区也发生了相同的过程，表现为新西兰花彩岛的落后和澳洲大陆的向西北推进。在美洲东岸也遇到和东亚海岸同样的现象，安的列斯岛成为落后在东方的中美花彩岛的一个良好例子。在这里，值得注意的是，较小的岛屿落后得更远。佛罗里达大陆棚和格陵兰的南端也都遗留在后方。在南美洲，阿布罗刘斯浅滩由于落后在东方而从大陆底上升起。德雷克海峡附近地区由于大陆尖端拖有长尾而连接的岛链远留在后方，这已成为说明向西漂移的典范例子。在非洲，大陆的向西漂移表现为小陆块马达加斯加（它结合着离极漂移形成东北向的移动）的落后于东方。近代的东非断裂系统（马达加斯加的分离只是其中的一部分），也许可以和大陆的向西漂移联系起来，虽然这里所指的已不是花彩岛而是大陆块了。在非洲西岸，加那利群岛和佛得角群岛看来确是在最近时期才开始从大陆脱落下来而向西分离的。但这个硅镁层的向西小推进可认为是大西洋开裂时硅镁层普遍流动的结果。这仅能理解为大西洋硅镁层面在开裂过程中曾像橡皮一样拉长，或是有一股硅镁层主流注入了裂隙的缘故。

所有一切的陆块移动是否都可以用离极漂移与向西漂移两种分力来解释，实在还不能断言。但总之，地壳的主要运动显然可归功于这两种分力。

此外，硅铝壳内裂隙的分布想来必有一定的系统，因为裂隙的漂移是相互关联的。向西的漂移自然与经线方向裂隙相应，而离极漂移也可以产生经线方向的裂隙，特别是那些伸延到极地的裂隙。事实上如上文所述，断层谷与裂隙都是趋向南北，例如东非断层系统、莱茵河谷，特别是大西洋的开裂等。裂隙延伸到极地的现象至少在以往的南极是存在的。南美洲、非洲及印度南端的尖尾就反映这种情况。但这仅指一般的系统排列，也还有不少具体的例外。

至于产生这些移动、褶皱与断裂的究竟是什么动力的问题，我们还不能作肯定的回答。这里仅能就有关这方面的研究的现状介绍一下。

第一个宣称有一种力把陆块推向赤道的是姚特佛斯（Eötvös），他曾注意到这样一个事实，即："在经线的面上垂直方向是弯曲的。其凹进的一边向着地极，而漂浮的物体的重力中心比被挤开的流体的重力中心位置较高。这样一来，漂浮的物体受到两种不同方向的力的作用，它们的合力就是从极地指向赤道，因此大陆就产生了向赤道移动的倾向。这种移动也就产生了如普耳科沃天文台所推测过的纬度的常年变化。”①

在完全不知道上述这个容易忽视的小文章的情况下，W. 柯本探讨了离极漂移的动力的性质及其对大陆漂移的重要性。他虽没作任何计算，却作了如下的记述：“……地壳各层面的扁平度随着深度的增加而减少，它们并不相互平行，而是稍稍相互倾斜。但在赤道上和极上它们却和地球半径相互垂直。”②第 44 图为一极（P）与赤道（A）之间的一个经线上的剖面，对极作凹形弯曲的断线是 O 点上的重力线或铅垂线。C 是地球的中心点。

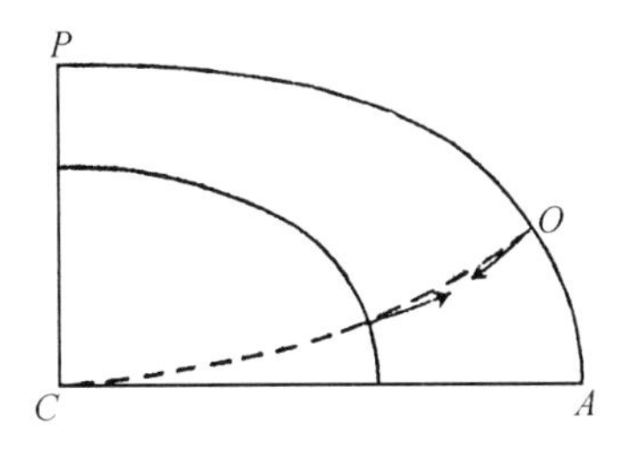

第 44 图　地表水准面与弯曲的铅垂线

一个浮体的浮力中心是位于被排除的媒质的重力中心上的。相反的，浮体本身的重心则位于物体自身的重力中心上。每一种力的方向都与其作用点的平面成直交，因此两种力的方向不是完全相反，而是产生一种不大的合力。若浮力中心位于重力中心的下方，则合力指向赤道。因为陆块的重心位于表面以下很远处，所以浮力与重力并不与陆块表面的平面垂直，而略向赤道的方向倾斜。浮力比重力倾斜得更大一些。凡是浮体的重力中心位于浮力中心上方者，都适用这个原理。同样，如果重力中心位于浮力中心的下方，则两种力的合力必指向两极。因此，在一个旋转的地球上，只有两点合一时，阿基米德原理才是完全正确的。

---

① 见 1913 年《第十七次国际大地测量会议汇报》(*Verh. d. 17. Allg. Konf. d. Internat. Erdmessung*)第 1 卷第 111 页。

② W. 柯本：《大陆漂移与地极游动的起因与过程》(*Ursachen und Wirkungen der Kontinentalverschiebungen und Polwanderungen*)一文，载 1921 年《彼得曼文摘》第 145—149 及第 191—194 页，特别注意第 149 页。又《地质时代地理纬度与气候变化》(*Über Änderungen der geographischen Breiten und des Klimas in geologischer Zeit*)一文，载 1920 年《地理双月刊》(*Geografiska Annaler*)第 285—299 页。又《关于古气候学》(*Zur Paläoklimatology*)一文，载 1921 年《气象杂志》(*Meteorologische Zeitschr*)第 97—101 页(其中附有另一图表)。

爱泼斯坦(P. C. Epstein)第一个计算了离极漂移的力。[①] 他认为纬度 φ 上的 K 力应是：

$$K\varphi = -\frac{3}{2}md\omega^2\sin2\varphi,$$

这里 m 为陆块的质量，d 为深洋底与大陆地面高差之半(即等于陆块的重力中心面与被排挤的硅镁质的重力中心面之高差)，ω 为地球自转的角速度。

他因为要从大陆块移动的速度 v 求得硅镁层的黏性系数 μ，就用上式由一般公式 $K=\mu\frac{v}{M}$(式中 M 为黏性层的厚度)得下式：

$$\mu = q\frac{sdM\omega^2}{v},$$

式中 q 为陆块的比重，s 为其厚度。如用下列最极端的数值代入，

$$q = 2.9$$
$$s = 50\ 千米$$
$$d = 2.5\ 千米$$
$$M = 1600\ 千米$$
$$\omega = \frac{2\pi}{86164},$$
$$v = 33\ 米/年,$$

则得硅镁层的黏性系数为

$$\mu = 2.9 \times 10^{16}\mathrm{g \cdot cm^{-1}sec^{-1}},$$

此值约为室内温度中钢的黏性系数的三倍。据此，他作了如下的结论："综合上述结果，可知地球旋转的离心力确能产生如魏格纳所示的离极漂移，而且一定会发生。"但对于赤道的褶皱山系是否也可以用离心力来解释，则 P. S. 爱泼斯坦的回答是否定

① P. S. 爱泼斯坦：《关于大陆的离极漂移》(*Über die Polflucht der Kontinente*)，载 1921 年《自然科学》第 9 卷第 25 期第 499—502 页。

的。因为这个力仅相当于地极与赤道之间10—20米的表面倾斜的力，但山脉的隆升达数千米的高度，相应的硅铝块又沉降到极大的深度，都需要大量的力对重力起反作用，而离极漂移的力是不足的，它只能产生10—20米高的小丘罢了。

差不多与P.S.爱泼斯坦同时，W.D.兰伯特[1]曾计算过离极漂移力，得出大致相同的结果。他算出在45°纬度处的离极漂移力为重力的300万分之一。由于漂移力在这个纬度上达最大值，所以对于一个长形的斜卧的大陆来说，漂移力定能使之发生旋转。在45°纬度与赤道之间使其长轴转向东西方向，而在45°纬度与极地之间则转向南北方向。"当然所有这些都还只是推理性的，它是以下述的假定为基础的。即假定大陆块是漂浮在一种黏性液体的岩浆上，且假定岩浆的黏性具有古典黏性学说的含义。按古典黏性学说，一种液体不管其黏性怎样大，总会因受到任何一种即使是极小的力的作用而变形，只要具有足够长的作用时间。上文已经提到过地球重力场的特性，其作用的力是极小的，而地质学者可以允许我们把这个力的作用时间假定为非常漫长，但液体的黏性则可能与古典学说所主张的具有不同的性质，因此不管作用的时间多么长，这个力可能微小到达不到使液体变形的一定限值。黏性问题是一个复杂的问题，古典黏性学说既未对观察到的事实予以适当的解释，而我们现在所有的知识也不允许我们作出任何断语。总之，向赤道方向的力是存在的。至于这种力对于大陆位置与形状是否有显著的影响，这是要让地质学家来决定的问题。"

最后，W.施韦达尔[2]也计算过离极漂移力。他计算出在45°纬度上这个力的值为1/2000厘米/秒，即相当于陆块重量的

① W.D.兰伯特：《有关地球力场的一些力学上的奇异现象》(*Some Mechanical Curiosities connected with the Earth's Field of Force*)一文，载1921年《美国科学杂志》(*Amer. J. Sci.*)第2期第129—158页。

② W.施韦达尔：《对于魏格纳大陆漂移学说的探讨》一文，载1921年《柏林地学会杂志》第120—125页。

1/2000000。他说:“这个力是否足以推动大陆漂移,很难断定。无论如何,它是不能解释向西漂移的。由于速度太小,它不能产生地球自转时任何显著的西向偏斜。”

W. 施韦达尔认为 P. S. 爱泼斯坦计算出的每年 33 米的漂移速度太大了,因此得到的硅镁层的黏性值嫌小,如果采用较小的速度就能得到合乎要求的较大的黏性值。他说:“如果我们假定黏性系数为 10^{19}(不是爱泼斯坦的 10^{16}),并假定仍用爱泼斯坦的公式,则我们可得出大陆块在 45°纬度处的漂移速度为每年 20 厘米。总之,在这个力的影响下大陆向赤道漂移是有可能的。”

综合上文所述,对于离极漂移的力的存在及其大小已不致有任何怀疑。它的最大值(在 45°纬度上)约为地球重力的二三百万分之一,仍然大于水平潮汐力的四倍。且此力和常有变化的潮汐力不同,而是在千百万年中不断地作用着,只要它不是小于能够产生运动的最小力值(这一点我们实在不知道),它就能够在漫长的地质时期中战胜地球的钢铁似的黏性。我们已经说过,大陆块像是蜜蜡,硅镁层像是火漆,则产生运动所需的最小力值在硅镁层中当较在硅铝块中小得多。因此,我认为在地质时期中在离极漂移力的作用下,大陆块确曾在硅镁层中发生过显著的漂移。但这个力是否足以解释赤道山系的形成是较可怀疑的,显然 P. S. 爱泼斯坦的研究成果还不能作为对这个问题的定论。

对于有关大陆向西漂移的力的讨论,这里可以较简短地叙述一下。很多作者,如 E. H. L. 施瓦尔茨和 H. 惠兹坦因等认为地球上由于日月引力所产生的潮汐摩擦作用是核心外的整个地壳向西转动的原因。人们常常设想月球过去旋转得较今日快,只是由于地球的潮汐摩擦而缓慢下来。显而易见,一个星体由于潮汐摩擦而减缓旋转速度必然对其表层特别显著,引起整个地壳或各个大陆块的缓慢的滑动。这里成问题的只是这种潮汐到底是否存在。根据 W. 施韦达尔的研究,地球固体的潮汐变态可以从水平摆上察觉出来。这种变态属于另一种,即弹性的变态,并不能用来直接说明大陆块的移动。但我相信,由于硅镁层具有黏性,这种弹性潮汐有可能对地壳移动给予冲击。这种移动虽然极为微小,不能逐日观察出来,但日积月累,在数百万年的过程中仍然足以引起显著的移动。因为,毫无疑问,我们不能把地球看作和潮汐一样完全是弹性的。据著者看来,单是确认固体地球上每日的潮汐具有弹性,这个问题也还不能说已经获得解决。

W.施韦达尔还用另一种方法(也和日月引力有关),即根据地轴的行进学说(Procession theory of earth's axis),获得了影响大陆向西漂移的一种力。[①] 他说:"地球旋转轴在日月引力下行进的学说认为,地球的各个部分相互间不会产生很大的相对移动。如果承认大陆相互间有移动,则计算地轴在空间上的运动将更为困难。这样一来,就必须把个别大陆的旋转轴与整个地球的旋转轴区别开来。我曾计算过大陆旋转轴的行进位于纬度−30°至+40°及西经0—40°之间,比整个地球旋转轴的行进要大220倍。大陆具有与一般旋转轴不同的绕轴旋转倾向。因此它不仅存在着南北向的力,还存在着向西方的力而试图把大陆推动。南北向的力每天有变化,不牵入我们的问题,这个力比离极移动的力要大得多。它在赤道上最大,在36°纬度为零。我希望以后有可能对这个问题作更确切的叙述。按理说在这个力的影响下,大陆的向西漂移也不是不可能的。"上述仅仅是一个初步的探讨,要得到一个结论性的意见,还得等待详细论著的发表。但看来地球上最清楚不过的移动——大陆的向西漂移肯定是可以用日月引力作用于黏性的地球上来解释的。

但W.施韦达尔从重力测定上看到地球的形状与旋转椭球的形状不同,他认为这就引起了硅镁层内部的流动,因此也形成

① W.施韦达尔:《对于魏格纳大陆漂移学说的探讨》,1921年《柏林地学会杂志》第120—125页。

了大陆的漂移。他说:"人们还推测硅镁层有流动,至少在较早的时期中是如此。"F. R. 黑尔茂特在其最新论著中,从地球表面重力的分布论证地球是一个三轴椭球体。赤道形成一个椭圆,它两轴的长度差仅为 230 米,长轴与地球表面交会于西经17°(大西洋中),短轴则交会于东经73°(印度洋中)。按拉普拉斯与克来劳特(Clairaut)的理论(它在测地学中还没有过时),地球是由近于液体的物质造成的,即固体地球内的压力(地壳除外)具有静水压的性质。从这个观点看来,黑尔茂特的结论是不能理解的。有扁平度和旋转速度的静水压结构的地球不可能是一个三轴椭球体。地球的不同于一般旋转的椭球体可以认为是有了大陆的缘故,但实际上并非如此。若假定大陆是漂浮的,其厚度为 200 千米,硅铝层与硅镁层的密度差为 0.034(水的密度为1),计算结果表明陆海分布所产生的地球形状与旋转椭球的偏差值比黑尔茂特所得的数字小得多。赤道椭圆的轴和黑尔茂特的轴完全不同,其长轴交会在印度洋上。因此地球的大部分一定和静水结构有所出入。

"按我的计算,如果在大西洋下面的厚 200 千米的硅镁层密度比印度洋下面的高出 0.01,则黑尔茂特的结论是可以成立的。但这种情况并不能长期保持,硅镁层必有流动,以恢复旋转椭球体的均衡状态。显然,密度差这么小,很少有产生这种流动的可能性,但赤道的椭圆率、硅镁层的密度差及其流动在较早时期中可能比现在重要些。"

不必细说就可以明白,从 F. R. 黑尔茂特的工作所推算出来的动力可以说明大西洋的开裂,因为大西洋区地壳似经隆升,而陆块自必向西边流开。

但这里不妨把可以看作是 W. 施韦达尔见解的引申的另一看法提出:即地球表面的隆升于均衡面以上自然不限于赤道区,它在地球上到处都可以发生。在本书第八章中讨论海进与地极移动的关系时,我们已经指出,在移动的地极的前方,地球表面的位置必将过高,在其后方则必将过低,而地质学上的事实似乎证实着这些高低不同是存在的。高低差的数量和黑尔茂特所得的赤道长轴超过短轴的数量是相同的，或许数倍于后一数值。当地极运动较快时，在地极前方的地球表面看来要高出均衡位置以上数百米，而在地极的后方则低于数百米。最大的倾斜（一个地球象限为 1 千米）将出现在地极移动的经线与赤道的交会点上，而两极的倾斜大概也差不多大。这样，把陆块从过高处推向过低处的力就显现出来了。这种力约为正常离极移动力（如为陆块时，约相应于每一地球象限）的很多倍。这种力和离极移动力不一样，它不仅作用于大陆块上，还作用于其下方的容易流动的硅镁层上，而在硬固的地壳下面保持着均衡。但由于有倾斜存在（海进与海退是其证明），这种力在大陆块上面也必然起作用，形成大陆块的移动与褶皱，虽然这种运动可能比下方流态物质的相应运动为小。如果说，正常的离极移动力确是仅足以推动大陆块在硅镁层中移动，而不足以产生褶皱的话，那么我想由于地极移动而产生的地球变形的这一种力源还是足以造成褶皱的。

鉴于地球上两次大褶皱即石炭纪褶皱与第三纪褶皱恰恰形成于地极移动最快和范围最大的时候（南极在下石炭纪到二叠纪时从中非洲移动到澳洲，北极在下第三纪到第四纪时从阿留申群岛移动到格陵兰），这个解释就显得特别恰当了。

综上所述，不论过去和现在，形成大陆漂移的动力问题一直是处在游移不定的状态中，还没得出一个能满足各个细节的完整答案。但有一点肯定是正确的：即大陆漂移、褶皱与断裂、火山作用、海进与海退以及地极的移动，其形成原因必然是相互关联的，表现在地球历史的某一时期中，这些运动总是同时增强的。其中只有大陆漂移这一运动的成因，除了内在的原因外，还受外在的宇宙因素的作用。因此我们似乎应该把宇宙因素看作是第一种动力（Primum movens），是各种变化的根本原因。但以后的关系就趋于复杂了。我确信大陆漂移是地极移动的直接后果（虽然 W. 施韦达尔反对此说，认为这种漂移只是同等物质的位置交换）。大陆块由于其重心位置较高而具有较硅镁层（被大陆块所排挤的）更长的轴距离，也就具有更大的旋转矩。因此据我看来，地球的惯性轴必然受大陆漂移的影响。但我们在上文说过，地极移动会依次产生另一种大陆漂移。那么这种大陆漂移也会反过来产生地极位置的移动。这样就产生了复杂的交互关系，其总的影响在今日已不容忽视的了。

译 后 记

· *Postscript of Chinese Version* ·

译者李旭旦(1911—1985)是中国地理学家和地理教育家。1934 年毕业于中央大学地理系。1936 年赴英国剑桥大学进修,获硕士学位。1939 年回国后曾任中央大学地理系教授、系主任,南京大学地理系主任,南京师范学院地理系主任。主要致力于人文地理学、区域地理学和地理教育理论的研究,在普及地理教育方面做了大量工作。

WEBSTER'S
NEW WORLD
DICTIONARY

译后记

在自然科学领域中，关于地球上海陆的起源问题一直是争论得很多的。就是到今天，也还没有能得出一致公认的肯定的结论。这个问题所牵涉到的科学范围很广泛，它不仅是一个地球物理学上的问题，也和构造地质学、自然地理学、古气候学、古生物学、大地测量学等都有密切的联系。早在19世纪后期，人们对于地壳运动与大地构造的探讨即已提出了各种假说，如地壳皱缩说、陆桥说、大洋永存说等。到了20世纪初，由于地学各部门的资料累积和研究成果的进展，原有各种假说对海陆的起源与分布已不能作出全面而圆满的解释。当时，地球物理学者普拉特(Pratt)、杜顿(Dutton)等又创立了地壳均衡说；得到了艾里(Sir G. Airy)、施韦达尔(W. Schweydar)、海姆(A. Heim)等人的普遍支持。他们根据重力测定的结果，断定海陆物质成分不同、比重不同，陆高而质轻，海低而质重，二者之间存在着一种定压的均衡面。这时，德国地球物理学者魏格纳教授(Prof-Alfred Lothar Wegener, 1880—1930)就在地壳均衡说的基础上，提出了大陆漂移的设想，创立了著名的大陆漂移学说(Theory of Continental Drift)或大陆移位说(Displacement Theory)。魏格纳的这个学说最早发表在1912年的德国《彼得曼文摘》(*Peterman's Mitteilungen*)和德国《地质杂志》(*Geologische Rundschau*)上。1915年，魏氏写作了《海陆的起源》(*Die Entstehung der Kontinente und Ozeane*)一书，把他的学说作了全面系统的阐述与论证。此书于1920年及1922年连续修订再版，尤其以1922年第三版所作的补充与修正为多。

魏氏学说的主要论点是大陆系由较轻的刚性的硅铝质所组成，它漂浮在较重的黏性的硅镁质(如太平洋底)之上；全世界大陆在古生代石炭纪以前是一个连续的整块(原始大陆)，可能由于潮汐力和地球自转时离心力的影响，后来，特别是在中生代末期，这个原始大陆破裂成几块，在硅镁层上分离，产生了离极漂移并向西漂移，造成了今日世界上诸大洲与诸大洋的分布位置。

◀李旭旦，摄于1985年6月。

这个学说曾比较圆满地解释了今日大西洋两岸的海岸轮廓、地层构造与生物群落的相似性，阐明了南半球各大陆古生代后期冰碛层的分布，还说明了环太平洋山系（包括东亚花彩列岛）及阿尔卑斯、喜马拉雅山系的成因等问题。但对于一些重大的问题，诸如产生大陆破裂及水平移动的力源、深源地震的产生、石炭纪以前的地史等，这个学说仍然不能予以确切的解释。同时，大陆漂移的速度与相对距离，测地学上的数字证据也嫌不足。虽然如此，魏氏此书全面系统地总结了当时有关科学的研究成果，进行了比较严谨的探讨与论证，具有较大的说服力，不论是支持者或反对者对于此书一般都给予了较高的评价。

魏氏此书的德文原著出版以后，随即被译成英、法、日等国文字。中译本有 1937 年沐绍良先生由日译本转译的一种，书名为《大陆移动论》，由商务印书馆出版。但已时隔多年，疏误也较多。

近若干年来，由于大地测量在技术和精度上的改进，古地磁学与地极移动等方面研究的新成就，以及地球增热（施密特）与地球膨胀（拉斯洛·埃德耶）诸新学说的提出，对魏氏大陆漂移说的探讨似又获得了新的活力。这样看来，此书的再行译印，在温故而知新上不是没有一定的意义的。

本书于今年 2 月开始转译。由于译作只是在教学之余逐页进行的，先后费时五月才得以完成。在移译过程中虽然对原文的字句及立意进行了反复的考核与斟酌，力求“信”、“达”，但困难问题仍属不少。由于译者在地球物理学与古生物学方面的知识不足，就曾向有关专家请益，得到了不少帮助。这里，特别对古生物研究所及南师生物系的同志帮助查核古生物名词，表示深切的感谢。原书的附注中，除英文外，还有很多德、法、荷、瑞典等国文字的文献名称与刊物名称。其中不少学术机构与刊物名称原书用的是缩写，虽经多方设法查考出它们的全名，恐仍不免有错误之处，希望读者多多指正。

李旭旦

1963 年 6 月于南京师范大学

附录

地质学现代革命的伟大奠基者

——纪念A.魏格纳诞辰一百周年

彭立红　　刘平宇

· *Appendix* ·

目标与勇气—质朴的人——学者与战争—大陆飘移学说——一首伟大的地质之歌—长眠在格陵兰。

今年11月1日是伟大的德国地质学家阿尔弗雷德·洛萨尔·魏格纳(Alfred lothar Wegener,1880—1930年)诞辰一百周年。世界地质学界最大的合作组织——联合国地科联国际动力学十年计划(1970—1980年)委员会决定,将在这一天召开总结大会。魏格纳既是地质学家,又是天文学家、气象学家、地球物理学家和极地探险家。他提出的大陆漂移假说,已经发展成为当代最盛行的大地构造理论——板块构造学说,又叫新全球构造理论。而现代地质学正在经历着的一场巨大革命正是在这个理论的指导下进行的。

目标与勇气

魏格纳1880年11月1日出生在德国柏林一个孤儿院院长的家庭里,父亲是神学博士。魏格纳在青少年时并不是神童,也谈不上出类拔萃。他先后在好几个大学学习,他在柏林的因斯布鲁克大学提交的关于天文学的一篇毕业论文水平也较一般。

魏格纳学生时代的密友、后来成为天文学家的冯特写过许多关于魏格纳的文章,谈到了魏格纳的天赋才能及品质特征。他曾经精辟地指出,尽管"魏格纳的数学、物理学和其他自然科学的天赋能力是很一般的",然而他却有能力充分运用这些知识去达到自己所追求的目标。另一方面,"就是他对事物敏锐的洞察力"和非凡的预见性,"还有严谨的逻辑判断能力,使他能把与他思想有关的每一件事正确地组合起来"。尤其突出的是魏格纳具有任何一个后来成为科学上的伟大人物的那一类人中司空见惯的自信心和进取心,勤奋和勇气。正如德意志民族的一个

◀格陵兰岛。

谚语所说：一个人丢了金钱并不可怕，还可以挣；一个人失去了朋友，当然可悲；而一个人若失去了勇气，便一切都完了。魏格纳一生中都保持着一种非凡的勇气。这种杰出气质早在他学生时代就充分显露出来了。

魏格纳从小就不够健壮，尤其是耐久力较差。为了克服这个弱点，他自觉进行近乎残酷的斯巴达式训练。整个冬天他每天都去雪地练习滑雪，执行自己制订的去极地探险的预备训练计划，连刮暴风雪的日子也不例外。21 岁那年，他利用暑假，约上哥哥库尔特，怀着巨大的热情在一座小的山上搞了整整一个假期的登山活动，每天兴趣不减。大学毕业前两年的冬天，他常去拜访住在附近山顶上一所小型气象观测站的朋友。魏格纳每次都是滑雪前往，路线一旦确定，就不管路上是多么崎岖不平、树丛密布，他总是奋力前往，摔倒了再爬起来，直至达到目的地，方才罢休。所有这些都展示出魏格纳的抱负和目的感。具备上述品质是难得的，它往往预示着巨大的成功。

大学毕业，魏格纳在他未来的岳父柯本教授指导下，从事高空气象学新技术的研究。柯本，一个威严的外籍学者，当时是气象学权威，指导着汉堡北边的格罗斯博斯特尔的一个有很大影响的探空气球试验站。

英俊年轻的魏格纳奋不顾身地投入高空探测气球活动，从实验室准备到林登伯登天文观测台，每个数据，每项工艺，他都认真对待。探空气球技术在 20 世纪初是世界上最现代化、最困难的气象学手段。

魏格纳和他的哥哥库尔特参加了 1906 年 4 月举行的戈登·贝内特探空气球比赛。当时持续飞行时间的世界纪录是 35 小时，魏格纳兄弟却飞行了 52 小时，一举打破世界纪录。飞行高度达 3700 米，在他们之前还没有人到达这样的高度。他们战胜了高空的寒冷和两个黑夜，并准确地测得高空的气温、气压、风向和风力，完满地达到了预期目的。一着陆，便被记者围住了。

“啊，上帝！真是棒极了”，一个记者热情地说，“热烈祝贺你们打破了法国人杰·良·沃伯爵保持的世界纪录。请谈谈你们的感想”。

魏格纳兄弟愣住了。他们并不曾有过想要打破世界纪录的念头。“我们只是热心于这项工作”，弟弟阿尔弗雷德回答说，“这项工作十分有趣，几乎每小时都有新发现，我们总想再多飞一会儿，再飞高一点儿。就是这样”。

显然，站在人们面前的是一个潜心致力于科学的人，他的目标是探求科学真理。在探求真理的道路上，他具有一往无前的勇气。同时，他又是谦虚的、质朴的。这些品格，随着他的名声日益增大，表现得愈加突出。这些品格，是科学家能洁身慎独，保持锐气和对新事物敏感所不可缺少的。

质朴的人

1908—1912年，魏格纳在马堡物理学院任教。当时他刚刚从格陵兰第一次探险平安返回，一边整理从格陵兰收集的大量资料，一边进行天文学和气象学的讲授和研究。

魏格纳还经常以非国家聘请的私人大学讲师的身份，作一些有关气象学的讲演。无论是在课堂，还是在小小的观测站里，这位年轻的辅导老师，总是那样的热情、生气蓬勃，并很快以他的刚毅赢得学生的崇敬。而他又很谦虚，总是对学生循循善诱，启发学生去掌握基础知识，而决不要求学生死记硬背。在一些偶然的场合，这个看来十分温顺的人，竟像狮子一般勇猛战斗。那是当他在批判一种认为必须在极地实际气候条件下工作才能作出预测的说法时，魏格纳认为这种说法简直是自杀。

这一时期魏格纳完成了题为“大气圈热力学”的讲稿，在这篇讲稿中他第一次试图从近几十年大量的自由大气测量中找到普遍的物理规律，以便能解释各种现象，诸如不同的大气层（自从平流层被发现以来，仅仅过了8年！）和各种类型的云图。这是一个相当难的课题。那些天，凡有机会登台讲演的学者，都赞成将最高学位授予那时还不具有教授头衔的魏格纳讲师。然而魏格纳却不这样，他仍把自己当做听众。与此同时他又用讲稿的题目写下了一本具有时代意义的著作。而魏格纳对自己工作的评语是："这些推导不是我的，你们会发现这是物理书上写过的，根据……在……页上……"这件小小的轶事不仅反映出这样一个事实：魏格纳确实不具有数学天赋，而且充分显示出他的质朴。

在当年给柯本教授的一封信中，魏格纳曾经坦率地说："我本人持有这样的观点——或许有点儿走极端或是偏见，我认为数学与我无缘分，我弄不懂我究竟是对还是不对。即是说，我除了硬套数学公式之外，简直无法在数学领域内工作。"尽管魏格纳的才能在这方面显得不足，但他总是从下列两个方面加以弥补：第一，他总是尽最大努力做到文章通俗易懂，不以专家看懂为满足，甚至在他的专业性最强的著作中也是如此；第二，他最突出的一个性格特点是坦率，在学生面前也是如此。他为人做事非常光明正大，从不弄虚作假。这是某些人所难以做到的。他从一般人的俗气中超脱出来，因为这种俗气往往使人对自己的真实情况多少表现出一定程度的夸大或缩小。

当时的青年学生实际上都感受到了他的质朴。他的演讲和论证的质朴性，显然是基于他的丰富的经验和已取得的成就，正是这些使他赢得了听众的心。在马堡的那些讲演的最后，他总是拿出大量的照片给大家看，来说明他要论述的东西。通常拿出来的有云图，还有贴近地面的光的反射、由于光在冰晶里的反射和折射而产生的大气光学现象，以及海雾的形成、迁移和翻卷的各种图片。大多数照片都是人们从未见过的。这些图片在他的讲演中用做例证，真是被用得恰到好处。他还作出改革，让学生能看到那些以前只让有助教级别以上的学者才能看到的实验，比如K.施图克特教授和魏格纳一起亲自释放几个高空气球去探测光线。魏格纳甘当教授的忠实助手，从不计较荣誉，甚至去听一个年轻教师所做的这类讲演。魏格纳把照相当做是一种研究方法，并给予很高的评价。

下午，魏格纳总喜欢在学校小吃店喝茶，款待朋友和学生，给他们讲自己旅行中的故事。大多数人当时并不知道魏格纳已经是著名的学者，是魏格纳特有的质朴和诚恳的风度吸引住了青年人。一个学生在回忆魏格纳时写道："他点燃了青年人心里的火焰，假如有任何人要向魏格纳提出和证实的理论提出挑战的话，我们将会毫不迟疑地第一个站出来和他辩论。"

1910年春天的一个傍晚，魏格纳带着他新写成的"大气圈热力学"讲稿，来到汉堡市郊柯本教授的家。门开了，出来一位体态匀称、美丽的姑娘，一双明亮的眼睛看着客人，问道：

"您找我父亲吗？"

她便是埃尔斯，柯本教授的幼女。她带着魏格纳走进柯本的书房。魏格纳着迷了，他从一个书架走到另一个书架，默诵着各种书名。他还在墙上见到一幅不寻常的大地图。这幅图上画着一根根闭合的表示高压高温气团和低压低温气团的实线和虚线。他看着看着，竟全然不知道姑娘什么时候去叫来了父亲。父亲示意女儿不要打扰魏格纳，直到魏格纳走到他父女俩跟前，才想起自己是来拜访柯本教授的。

接着，他俩便围绕着大气圈热力学这个题目热烈地讨论起来。天已经很晚了，似乎话匣子才刚打开。柯本教授也为这位青年教师具有的火一样的热情所感动，便把客人留下住了。他们整整谈了四天。最后，柯本教授对《大气圈热力学》一书的稿子给予很高的评价："这样好的书从来没人写过！"

魏格纳充满幸福感离开柯本家。使他高兴的另一个原因，就是他与埃尔斯之间，短暂几天已经建立起亲密的友谊。

在临别时，魏格纳答应埃尔斯一定常常给她写信。可事实如何呢？他确实写了，不过信写得并不勤。写的也只是只言片语。埃尔斯明白，他太忙了，因为她在父亲书房堆放的杂志中经常见到魏格纳发表的文章。

1912年早春的一天，柯本教授在家里宣布："今天魏格纳要来我们家，他是一个我非常喜欢的人。"魏格纳一进家门，埃尔斯就恨不得把心里话立即对他倾吐，可是没有机会。父亲与魏格纳一谈上，就越谈越有兴致。他们一直谈到晚上，大气圈、格陵兰、气象学……姑娘在偷偷地听着，学者们的谈话真是没完没了。好不容易等到阿尔弗雷德走出书房，突然他碰到埃尔斯，真叫他一愣，仿佛他才想起她似的。

"啊，埃尔斯，我这次来汉堡正是为了您。嗯，不过我们还剩下一个问题要谈，糟糕，时间也只剩下一点儿了。"

然而惊慌失措永远不会在魏格纳身上出现了，他立即补充说：

"我们的话明天早上谈吧。"

"明天早上，您忘了，我听见您不是说，明天一早您就要和库尔特一起乘探空气球去飞行吗？"

"啊，对啦！库尔特要我这次帮他飞行，可是为什么您不可以与我们一起飞行呢？这次飞行时间很短，也并不危险。"

这样，他们三人飞上了天空。以往她乘气球时，总是向地面看，当找到她家的房子时，特别高兴。可今天，她眼睛在望着阿尔弗雷德，听到的都是他兄弟俩的话音："温度，风速，气压，……"而姑娘在想自己的心事："我干吗要来呢？为什么要来飞呢？阿尔弗雷德会说出口吗？他也许又忘记了，……"

突然，阿尔弗雷德朝向姑娘说：

"埃尔斯，我要娶你做妻子，你同意吗？"

她深情地望着阿尔弗雷德，很久没有说一句话，仅仅是点了一下头。阿尔弗雷德从两只小盒子里取出订婚戒指，把其中的一只戴在埃尔斯的手指上。……

可是，就在订婚后不几天，就在魏格纳的学生被他著名的气象学讲座鼓动起来，准备为这门当时欧洲只有几所大学开设的新学科去献身的时候，魏格纳开始了他一生中第二次格陵兰探险。一去就是一年。这是埃尔斯难熬的一年。等到魏格纳平安归来时，他们便结婚了。

学者与战争

魏格纳刚刚结婚，打算把家安在汉堡，不幸 1914 年夏天第一次世界大战爆发了。尽管魏格纳是一个世界和平主义者，但他仍然作为预备役大尉被征召入伍。他的团队奉命立即开赴前线。然而在那战争年代，他——一个科学工作者能为科学，为人类做些什么呢？

魏格纳所在的团队进入前沿阵地。

……战争。大炮轰鸣，弹片横飞，子弹在头顶上呼啸而过。冲锋——那是在弹雨下没命地奔跑。退却——没有道路，泥泞，靴子湿透了，还是没完没了地走呀走呀。然而经常在魏格纳眼前浮现的却是蔚蓝色的条带——那是大西洋，还有条带两侧的大陆，欧洲、非洲大陆和南北美洲大陆，这些大陆围绕大西洋到达北极……

埃尔斯的来信多么叫人牵肠挂肚啊。但他心神稍稍安定下来，便用军大衣垫住地底下的湿露，折上一根小棍在地上画了起来，他在画非洲和美洲，仿佛他又看见巴西恰好从非洲裂散开来。

他的手部和颈部受伤了，被送入野战医院。伤口一阵阵剧疼，魏格纳咬着牙，从未发出过一声呻吟，而整个脑子填满的依然是同一念头——非洲与美洲，欧洲与美洲，以及夹在它们中间的大西洋……

魏格纳的伤势在恶化。他终于被送进国内一所大后方医院。当埃尔斯来探望他的时候，令她惊讶不止的，是丈夫请她设法弄许多书来。他开列了一大串书目，涉及许多与他的气象专业无关的学科，如地质学、古生物学、生物学、地球物理学、地理学、生态学、大地测量学，以及古气候学……

魏格纳受重伤后，便获准请了长假。医生和亲友们都劝他好好静心养病。

也多亏了这次伤病，魏格纳才得以离开战场，立即投入了著述学术专著的工作。过去他曾经想过，他可能死于战场，而不能把自己的想法公诸于世，那将遗恨终生。于是他忘我地工作起来了。他又重新坐在真正的写字台边了，那高兴的心情就甭提啦。

一幅不寻常的大陆漂移模式图，终于在学者的脑海里诞生了。不仅现在的欧洲和非洲是从南北美洲脱离开来的，而且过去所有大陆曾是一个整体，是从这个整体脱裂开来的。若把澳洲看做曾一度与南亚联在一起、南极与非洲连在一起的话，那何尝不可以认为南美、非洲与亚洲过去也是连在一起的呢？澳洲不是从印度半岛脱离开来的吗？而印度半岛不又是从马达加斯加岛脱离开来与喜马拉雅碰撞在一起的吗？引人注目的是，格陵兰的西岸不是正好可以与它对面的北美洲海岸轮廓相吻合吗？但是这幅图被描绘得越明白具体，魏格纳就越清醒地认识到，如果要把这幅模式图加工成科学的假说，还需要许许多多的事实和论据。否则传统观念不是那么容易打得破的。

假期一晃就过去了，魏格纳又奉命重返前线，改做野战气象观察服务。而他依然如故地研究着有关大陆漂移假说的各个问题。

1915年，在第一次世界大战的炮火中，划时代的地质文献

——魏格纳的《海陆的起源》问世。用战争术语来形容，一枚重型炸弹爆炸了。

这就是作为科学家的魏格纳用他的行动对战争作出的最庄严的回答。正如他的一位挚友贝多夫教授对他的这一行为的评价那样："他已经从可怕的战争景象中培育起来的狭隘民族主义中完全解放出来了。"

应该指出的是，魏格纳写成《海陆的起源》、提出大陆漂移科学假说，并非一时心血来潮的产物，而是多年思索研究的结果。早在1910年，当他最初产生这一想法时，柯本教授曾一再劝这位未来女婿，不要把时光消耗在大西洋两岸何以具有相似性问题上："不知有多少人都曾研究过它，结果是枉费心血，你应该把功夫花在气象学研究上！"尽管魏格纳对德高望重的柯本教授始终充满了敬意，但他并不因此而放弃自己的学术方向。一旦思想成熟，他就坚决地从气象学转向地质学，写出了自己最重要的学术著作。1924年，《海陆的起源》第三版中，魏格纳谈到他的这一假说酝酿过程：

"大陆漂移的想法是著者于1910年最初得到的。有一次我在阅读世界地图时，曾被大西洋两岸的相似性所吸引，但是当时我也随手丢开，并不认为具有什么重大意义。1911年秋，在一个偶然的机会里我从一个论文集中看到了这样的话：根据古生物的论据，巴西和非洲曾经有过陆地连接。这是我过去所不知道的。这段文字记载促使我对这个问题在大地测量学与古生物学的范围内为着这个目标从事仓促的研究，并得出重要的肯定的论证，由此就深信我的想法是基本正确的。我第一次把这个想法发表出来是1912年1月6日我在莱茵河上的法兰克福城的地质协会上作的讲演，题目叫《从地球物理学的基础上论地壳轮廓(大陆与海洋)的生成》。后来又在1月10日的马堡科学协会上作了第二次讲演，题目叫《大陆的水平移位》。同年，这两篇讲稿都刊出了……后来因兵役之阻，我未能对这个学说作进一步工作。到了1915年，我终于能利用一个较长的病假期，对这个学说作了比较详细的论述，写成本书，收入《弗威希丛书》而出版。”

魏格纳还十分恳切和谦虚地指出：在查考文献时，“我发现好几个先辈学者的见解是和我是一致的。……泰勒则从另一条道路走近了大陆漂移学说的领域。……前面已经说过，在我读到上述著作时，我的大陆漂移学说已经大体上形成。其他著作则知道得更晚。前人著作中某些与大陆漂移学说相类似的论点，今后被更多地发掘出来，并不是不可能的。”

大陆漂移学说——一首伟大的地质之歌

魏格纳的大陆漂移假说的提出，影响着20世纪地质学的现代革命。因此，有必要简略地介绍一下它的科学内容。

作为一个气象学家，魏格纳正是从地球物理—气象学领域开始自己的科学研究工作的：他研究大气圈上层热力学，研究了极地冷气团的运动。在对陆地高度与海洋深度的平面分布曲线对照分析之后，魏格纳第一次揭示出两个阶梯的成因性质，一个阶梯是大陆平均高度，另一个是全球洋底的平均深度。他推断，组成洋底的岩石与组成大陆的岩石原则上是各不相同的，前者重，以硅镁为主，又叫“硅镁层”，后者轻，以硅铝为主，又叫“硅铝层”。这种看法，在20世纪初叶具有非常大胆的创造性，它从地质学角度对洋壳和陆壳的不同成因给出了一个重要解释。然而，关于物质的地质运动形式及其层壳性，魏格纳的概念过于模糊，关于两类地壳结构的概念，他又看得过于简单。按照魏格纳大陆漂移模式，轻而硬的硅铝陆壳会像“冰山”那样在具有塑性而又致密的硅镁层上进行漂移。

尽管在细节上很不完善，但大陆漂移假说的成功是不可避免的。魏格纳从地貌学、地质学、地球物理学、古生物和生物学、古气候学、大地测量学等各个不同的学科的角度，对他的大陆漂移假说作了严密的论证。

最简单最明显的证据，同时也是最有力的证据，便是大西洋两岸大陆海岸线的相似性。魏格纳将诸大陆的外形轮廓线进行比较，发现各海岸线能很好地拼合起来（近几年有人取大陆架的轮廓线用电子计算机作出了最佳拟合，偏差真是微乎其微），于是他推测在古生代末期，所有大陆曾是一个统一的联合古陆。联合古陆包括两部分：北方劳亚古陆，由现代的北美，欧洲和亚洲（不包括印度）组成；南方冈瓦纳古陆，包括南美洲，非洲，南极洲，澳洲和印度。由于任何一个大陆的古生代和早中生代的地层剖面，在两大古陆相邻部位都能一一对上，因而便能够得出一幅大陆块拼合结构图。这些大陆第一次分离发生在中生代，通常只能给出一个平均年限，甚至是上限，即距今 1 亿—1.8 亿年左右。在分裂时，发生了大规模的碱性玄武岩浆喷出，从而形成一些独具特色的金属成矿带，譬如非洲的安哥拉与南美的巴西的成矿带，按现代大陆拼合后都在一个个条带上。

古气候的资料，始终是魏格纳的有利论据。当时，就在澳洲、印度、南非和南美，发现了 2.5 亿—3 亿年前的古冰川遗迹。这些地质时期的冰川泥砾，后来在 20 世纪 60 年代居然在南极洲亦被发现。把这些古冰川遗迹放在联合古陆拼合图上，发现竟然集中在一个不大的地区，即当时的极区；冰盖的规模比现代南极洲面积略大。这段时间在欧洲，沉积的却是富含珊瑚礁（暖海标志）的石灰岩。距今 2 亿多年前，在二迭海中，标志暖海的珊瑚礁和巨厚盐层，现在也在北极圈（北乌拉尔附近）找到了它们的踪迹。这样大规模的古气候反常事件，在气象学上是不好解释的，若从大陆漂移的假说来看便是自然而然的事件了。

古生物学和生物学上也有很多证据。在南半球的南极、非洲、印度、南美洲和澳洲，到处都发现早古生代的同一种属动植物化石，显然这种同一的动植物群都曾经生活在同一大陆——即过去的南方冈瓦纳古陆上。典型例子，动物有水龙兽，植物有同一门类的裸子植物。尤其是这些裸子植物，分布是那样地广泛，它们的种子不可能靠风的搬运远涉重洋。在现代南半球的每一块大陆上，特有的动植物种属的形成是从中生代开始的，这就证明联合古陆的分离正是从中生代开始的。更为有趣的是，魏格纳旁征博引，根据某一特定时间段的一些主要古生物学上的论证，通过形象思维加工出一幅幅古大陆聚合与离散的演化模式图，适用于距今 6 亿多年，包括了整个显生宙。这件事会令数学家目瞪口呆，高度的想象力竟如此深刻地把握住了物质运动的地质形式，模式竟是如此之精确。难怪现代有人惊叹魏格纳是一位伟大的地质诗人，他的大陆漂移学说是震撼世界的伟大的地质之歌。

魏格纳还提出了其他革命的思想，譬如岩石圈在冰盖重压下会发生挠曲的思想，离散的陆块边缘在原始块体作用下将再度绽裂的思想。

一个学说的诞生、发展不会是一帆风顺的，而总是克服艰难险阻曲折前进的。《海陆的起源》发表后，魏格纳在很长一段时间并没有获得相应的学术地位。他的朋友写道："我们许多魏格纳的同事纷纷为这位伟大的学者鸣不平，为什么德国没有授予他正式教授头衔?"直到 1924 年魏格纳才接受了邻国奥地利格拉茨大学授予他的气象学和地球物理学正式教授头衔。

长眠在格陵兰

魏格纳一生的理论、实践以及精力，都与格陵兰探险联系在一起。他注视格陵兰，先是从气象学角度开始的。因为自从人类出现以来的全球气候事件，最有趣的莫过于格陵兰了。北欧流传下来的民间传说和历史记载，总是少不了以这些事件作背景。它们一代又一代地强烈吸引青少年，这对魏格纳从小在这方面立下大志，不能不说是一个重要影响因素。这类文献又确实比现代气象观测记录早几百年。早在公元前 2350—公元前 650 年间，北欧曾是一个相当温暖而平坦辽阔的草原，甚至在公元 7 世纪格陵兰还住有一万多欧洲移民。可是到公元 14 世纪，北欧气候越渐变冷，格陵兰冰川扩展到 17 世纪已经淹没了几个世纪以来一直繁茂昌盛的冰岛牧场。到了魏格纳时代，格陵兰已经是一个神秘而又恐怖的冰雪覆盖的极地世界了。冰期扩大与欧洲人生活至关重要，探索它的秘密来为人类服务，曾经激励着多少有志青年。魏格纳一生共四次去格陵兰探险。

第一次于 1906—1908 年，魏格纳以官方气象学家身份参加由迈里斯领导的一支著名的丹麦探险队。他们第一次穿过冰帽，行程 1100 千米，首次获得了丰富的极地冷气团的第一手珍贵资料。

第二次是 1912—1913 年。他参加科赫船长（一位丹麦上校）领导的探险队，重点已经转移到冰川学和古气候学上。他在这次探险中收获很大，学术上除了大气热动力外，还在极光、云的光学、海市蜃楼等方面有所发现和建树。他在漫长的极地冬夜对大陆漂移作了苦苦的思索，终于下决心从气象学转向地质学，这是他学术生涯中的伟大转移。此外，这次探险使他积累了组织和领导极地探险队的必备经验。从这以后，他事实上成了德国极地考察界公推的领袖，他出版了描述这次探险的两厚本巨著（1930 年）。

第三次于 1929 年初春至深秋，是一次试探性的考察，目的在陡峭冰壁间选择搬送重型设备（如人工爆破地震仪）的登岸地点。

第四次是 1930 年。他是 1927 年年底领受这次任务的，在魏玛共和国已经失败而希特勒纳粹政权即将上台的前夜，国家哪有精力来真心支持魏格纳制订的庞大探险计划呢？为此从筹备那天起就几乎消耗了他的全部心血，直到最后在格陵兰牺牲。

魏格纳和他的探险队于 1930 年 4 月抵达格陵兰。他们试图重复测量格陵兰的经度，以便从大地测量方面进一步论证大陆漂移。在严酷的条件下，魏格纳教授从事气象观测，还利用地震勘探法对格陵兰冰盖的厚度作了探测。当时，在格陵兰中部爱斯米特临时基地里，有两名探险队员准备在那里渡过整个冬季以便观测天气。然而冰雪和风暴使给养运输一再耽搁。9 月 21 日魏格纳决定把装备给养从海岸基地运送到爱斯米特去。魏格纳一行 15 人乘雪橇在风雪严寒中艰难跋涉了一百英里。在极端险恶的环境里，大多数人失去了勇气，但魏格纳决不回头。在零下 65℃的严寒里，最后剩下两个人追随他。他们终于到达爱斯米特。这时，有一个同伴的双脚已经严重冻伤。

爱斯米特基地留有的粮食和给养亦很紧张，魏格纳担心，如果他仍留在这里，意味着有人将会断粮，每人定量已经是很少了。魏格纳决定返回海岸基地。

11 月 1 日，人们给他庆祝了 50 岁生日，他与他忠诚的向导，一个爱斯基摩人维鲁姆森一块愉快合影，这是他生前最后一张照片。当天晚上，他请求维鲁姆森留下来："我想您应该留在这里，您还年轻，正是生命兴旺时期。"

维鲁姆森坚定地表示他愿跟随学者。

第二天，他们乘坐两辆狗拉雪橇动身返回西海岸基地。他们共带了 17 只狗，135 千克旅途用品和盛满煤油的大白铁皮桶。出发那天气温是零下 39℃，而前一天的气温是零下65℃。

谁曾料想到，这是魏格纳的最后一次进军……

通过无线电联络，迟迟不见魏格纳和维鲁姆森归来的踪影。人们多次出动四处寻找，毫无结果，与附近英国极地高空气团探测基地联系，由他们派出了两架飞机搜索，亦毫无结果。无情的格陵兰冬季极夜漫天冰雪，使一切搜索工作不得不停止下来，这场大风雪直到次年 4 月，才略变得晴朗一些。于是一支庞大的搜索队伍于 1931 年 4 月 23 日出发了……

搜索队在 285 千米处，找到了他们喂狗的干粮箱子。说明干粮已经不多了，因此可以扔掉盛干粮的箱子了。甚至连喂狗的干粮也不多了。到了 255 千米处，找到了魏格纳的雪橇，显然，由于严寒，途中有许多狗不断倒毙。很快又找到了另一架雪橇。现在魏格纳和维鲁姆森在 255 千米处两人仅仅保留下一付雪橇了。再往前找到的东西越来越多，许多小物件都展示了他们在前进，每前进一步都要付出很大的代价，他们要在同风雪搏斗，同严寒搏斗，同死亡搏斗中前进。

到了 189 千米处，找到了滑雪板。大家都认识，这是魏格纳的。离滑雪板约三米处找到了掩埋在雪堆里的滑雪杖。这意味着什么？魏格纳下一步该怎么前进呢？人们在掩埋滑雪板一带的冰雪中挖掘起来。先是挖出一些鹿毛，然后掘出了鹿毛皮，往下是魏格纳穿的鹿毛皮袄，再下是他的一个睡袋。先见到他戴着手套的两只手，下面还有一张鹿皮和睡袋，魏格纳的遗体便静卧在中间。

他是那样安详，仿佛刚刚睡去，只是眼睛微微有些张开。他的面容甚至显得比活着时还年轻一些，只是在一级冻伤处留下了几个斑点。再看他的遗骸——无论衣着，上衣和绒衣，盔形帽和靴子，都整整齐齐。只是身边的烟斗、烟袋不见了。

大家在对魏格纳的尸体和遗物作了认真观察后得出结论，魏格纳这个人的特点是一旦行动绝不回头，他在经过几天连续的奔驰，拼死前进后因疲惫过度造成心力衰竭而死亡。

同伴们久久垂头静立在这位卓越的领导者和亲密战友的遗体面前，心潮起伏。然后，大家挖掘一个墓穴，重新埋葬了魏格纳的遗体，上面堆砌坚硬结实的大冰块，再放上他使用过的雪橇。有人把魏格纳使用过的滑雪杖劈开做成十字架，插在他的墓穴旁，还插入另一根滑雪杖，上面撑起一面黑旗。

魏格纳的命运查清了，他忠实的伙伴维鲁姆森呢？人们终于明白，他们之所以能很快的找到魏格纳，是因为维鲁姆森按爱斯基摩人的风俗，隆重地掩埋了魏格纳，构筑墓穴并标记清晰。然后是他拿走了魏格纳的烟斗和烟袋，还有魏格纳的日记——这是唯一与魏格纳并肩战斗生活的物证了，维鲁姆森在将这些东西严密而精细地埋藏好之后，似乎又继续进发了，依然沿着魏格纳要去的方向。

人们在155千米处，似乎已经找到了尽头，自此维鲁姆森的踪迹再也找不到什么了。饥饿的狗倒毙了，维鲁姆森在此迷了路，可能也精疲力竭而死了，他年仅22岁……魏格纳的哥哥库尔特，立即接续了弟弟的格陵兰探险事业。格陵兰岛的爱斯基摩人中流传着：魏格纳还活在人间！

魏格纳是科学史上极地探险的勇士。当他第四次前往格陵兰时，已经是举世闻名的学者了。名誉和成就没有成为他的精神包袱，舒适和享受也不能诱惑他。他一如既往，怀着真正的科学家所具有的追求真理的赤子之心，又一次踏上了冰天雪地的格陵兰，终于以身殉职。在他以后，极地探险科学考察事业日益兴旺。直到目前为止这些活动的核心手段仍然是魏格纳十分倡导的地震波的折射，核心思想仍然没有离开魏格纳的大陆漂移学说。

大陆漂移学说的复兴

魏格纳去世以后，大陆漂移学说便进入冷落时期，以至当时在美国，一个地质学教授倘若要演讲魏格纳的大陆漂移学说，他将被解聘，受到失业的威胁。问题在于，早期的魏格纳活动论拥护者，是将大陆漂移的动力主要归于离心力（再派生出的离极力）和潮汐引力，这些力是由于地球自转和太阳—月亮对地球的引力所产生的。对这个运转机制的定量评价,是英国数学家兼地球物理学家G.德热弗里斯作出的。他计算出这种机制产生的力,要比大陆发生漂移所必需的力小若干个数量级。此外,用魏格纳的大陆漂移模式,学者们没法解释深源地震带。地质学家们以后才明白,大陆壳的形成,在岛弧区是在很大的深度上开始的,并与地幔的演化过程有机地联系在一起。所有这些,使得在魏格纳死后的20世纪30年代至40年代,活动论的拥护者寥寥无几。但是在对那些显然不能令人满意的大陆漂移机制进行如此批判之后,仍然没有一个人能够推翻魏格纳所提出的任何一个地质论据。

在20世纪50年代末和60年代,获得了大量的很有分量的地球物理资料。这些资料只有采纳魏格纳的活动论才能作出科学的解释,只要将魏格纳的活动论稍作修正就行了,这就是现代的著名的板块构造学说。

首先打破僵局走在最前面的是古地磁学家。他们进行了一系列研究和测定后指出:现代洋壳相当年轻,洋壳是在大洋中脊处,并且仅仅是此处向两侧作海底扩张才得以形成的。最古老的洋壳,在北大西洋,形成时间在1.8亿—1.9亿年前,在南大西洋,是1.0亿—1.1亿年前左右。尽管洋盆的外形轮廓边界在不断变迁,尽管洋盆已经存在若干亿年了,然而岩石圈的洋壳,总是不断从大洋中脊处产生出新的,然后像“传送带”一样被带向岛弧,在那一带向坚硬的陆壳底下俯冲。这样,深源地震带(实为毕乌夫震源带)便得到了最合理的解释。俯冲结果是旧洋壳的消亡和新陆壳的诞生,加入新陈代谢行列。关于海底扩张,20世纪70年代人们借助于小行星上类地幔结晶玄武岩的模式已经获得令人满意的定量解释;人们还对全球地震活动带,采用板块构造学说作了重新认识,得出重要的结论——沿岩石圈板块边界地震释放能量占了总地震释放能量的99%以上。今天,板块构造理论已经成为最盛行的新全球构造学说。目前关于转换断层和大陆裂谷的研究，标志着板块构造在大地构造学说中取得极大成功，可以预言 20 世纪 80 年代在运用于大陆板块研究方面将可能获得巨大突破。断层不再是僵死的，而是转换变化着的。裂谷本质不是指地貌形态上的地堑，而是指地壳上地幔之间的“反根”(anti－root)构造和浅源地震带相结合。这是板块构造 20 年研究的累累硕果，把错综复杂地质现象的本质多么美妙而清晰地展现在我们面前，原来事情的本来面目竟是如此简朴。

一个普通的孩子成了一个震撼世界的科学伟人，一个普通的气象学家完成了地质学上作为里程碑的伟大发现，影响着 20 世纪地质科学的现代革命，绝非偶然。回顾一下魏格纳的学术研究的某些特点是很有启发意义的。我们发现，魏格纳的特点在于，他踏进了各个学科接壤的空白领域。他是气象学家，但绝不把自己的视野局限于狭小的学科范围之内，而是吸取了看来是各不相干学科的丰富养料，加以升华、结晶。指出魏格纳获得成就的这一特色是十分重要的。20 世纪的每一项带有革命性的科学观念的提出，都和这个特点有关。现代控制论的创始人维纳，对边缘学科取得了自觉认识，并在《控制论》一书导言中作了如下精辟的论述：“在科学发展上可以得到最大的收获的领域是各种已经建立起来的部门之间的被人忽视的无人区。……正是这些科学的边缘区域，给有修养的研究者提供了最丰富的机会。”

如果说一个物理学家，他的语言离不开数学公式的话，那么一个地质学家，他的语言则离不开图像——平面图和剖面图。形象思维，特别是具有丰富想象力和预见性的形象思维，弥补了魏格纳在数理方面的某些欠缺。他从气象学上瞬息万变的云图转到大西洋两岸惊人的相似性，比较自然地克服了地质学家常常带有的大陆固定论的偏见，从而获得巨大的成功。爱因斯坦对想象在科学发现中的作用非常重视。他曾经说过：想象力比知识更重要，因为知识是有限的，而想象力概括世界上的一切，推动着进步。

除了这两个特点之外，魏格纳所具有的献身于追求科学真理的崇高品格，对于他的成功也起了重要作用。他的崇高品格又是来自于一种坚定的信念和原则。在他第四次探险时，曾给好友乔治写了一封信。其中谈到他在极地探险活动中的信念和原则。我们不妨把这些话看做他一生追求科学真理的总结。信中，他说："无论发生什么事，必须首先考虑不要让事业受到损失。这是我们神圣的职责，是它把我们结合在一起，在任何情况下都必须继续下去，哪怕是要付出最大的牺牲。如果你喜欢，这就是我在探险时的'宗教信仰'，它已经被证明是正确的，只有它才能保证人们在探险中不互相抱怨而同舟共济。"

（本文原发表于《自然辩证法通讯》1980年第5期）

敬告作者：

为了采用本文，我们试图通过各种途径与作者联系，但由于条件所限，始终毫无结果，在此深表歉意，请有本文著作权的作者尽快与我们联系，并告知详细地址。

科学元典丛书

1	天体运行论	［波兰］哥白尼
2	关于托勒密和哥白尼两大世界体系的对话	［意］伽利略
3	心血运动论	［英］威廉·哈维
4	薛定谔讲演录	［奥地利］薛定谔
5	自然哲学之数学原理	［英］牛顿
6	牛顿光学	［英］牛顿
7	惠更斯光论（附《惠更斯评传》）	［荷兰］惠更斯
8	怀疑的化学家	［英］波义耳
9	化学哲学新体系	［英］道尔顿
10	控制论	［美］维纳
11	海陆的起源	［德］魏格纳
12	物种起源（增订版）	［英］达尔文
13	热的解析理论	［法］傅立叶
14	化学基础论	［法］拉瓦锡
15	笛卡儿几何	［法］笛卡儿
16	狭义与广义相对论浅说	［美］爱因斯坦
17	人类在自然界的位置（全译本）	［英］赫胥黎
18	基因论	［美］摩尔根
19	进化论与伦理学(全译本)(附《天演论》)	［英］赫胥黎
20	从存在到演化	［比利时］普里戈金
21	地质学原理	［英］莱伊尔
22	人类的由来及性选择	［英］达尔文
23	希尔伯特几何基础	［德］希尔伯特
24	人类和动物的表情	［英］达尔文
25	条件反射：动物高级神经活动	［俄］巴甫洛夫
26	电磁通论	［英］麦克斯韦
27	居里夫人文选	［法］玛丽·居里
28	计算机与人脑	［美］冯·诺伊曼
29	人有人的用处——控制论与社会	［美］维纳
30	李比希文选	［德］李比希
31	世界的和谐	［德］开普勒
32	遗传学经典文选	［奥地利］孟德尔 等
33	德布罗意文选	［法］德布罗意
34	行为主义	［美］华生
35	人类与动物心理学讲义	［德］冯特
36	心理学原理	［美］詹姆斯
37	大脑两半球机能讲义	［俄］巴甫洛夫
38	相对论的意义	［美］爱因斯坦

39 关于两门新科学的对谈 〔意大利〕伽利略
40 玻尔讲演录 〔丹麦〕玻尔
41 动物和植物在家养下的变异 〔英〕达尔文
42 攀援植物的运动和习性 〔英〕达尔文
43 食虫植物 〔英〕达尔文
44 宇宙发展史概论 〔德〕康德
45 兰科植物的受精 〔英〕达尔文
46 星云世界 〔美〕哈勃
47 费米讲演录 〔美〕费米
48 宇宙体系 〔英〕牛顿
49 对称 〔德〕外尔
50 植物的运动本领 〔英〕达尔文
51 博弈论与经济行为（60周年纪念版） 〔美〕冯·诺伊曼 摩根斯坦
52 生命是什么（附《我的世界观》） 〔奥地利〕薛定谔
53 同种植物的不同花型 〔英〕达尔文
54 生命的奇迹 〔德〕海克尔

即将出版

动物的地理分布 〔英〕华莱士
植物界异花受精和自花受精 〔英〕达尔文
腐殖土与蚯蚓 〔英〕达尔文
植物学哲学 〔瑞典〕林奈
动物学哲学 〔法〕拉马克
普朗克经典文选 〔德〕普朗克
宇宙体系论 〔法〕拉普拉斯
玻尔兹曼讲演录 〔奥地利〕玻尔兹曼
高斯算术探究 〔德〕高斯
欧拉无穷分析引论 〔瑞士〕欧拉
至大论 〔古罗马〕托勒密
超穷数理论基础 〔德〕康托
数学与自然科学之哲学 〔德〕外尔
几何原本 〔古希腊〕欧几里德
希波克拉底文选 〔古希腊〕希波克拉底
阿基米德经典文选 〔古希腊〕阿基米德
圆锥曲线论 〔古希腊〕阿波罗尼奥斯
性心理学 〔英〕霭理士
普林尼博物志 〔古罗马〕老普林尼

扫描二维码，收看科学元典丛书微课。